인도와 결혼한 여자, 아샤

인도와 결혼한 여자, 아샤

인도 여행이 궁금하면,
인도 배낭여행 선생님
'아샤'를 찾으세요!

지은이
아샤

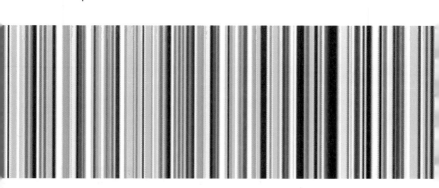

꿈의지도

내 이름은 아샤

"어느 나라에서 왔니?"

"한국이요."

"혼자 여행하는 거야?"

"네."

"얼마나 여행할 생각이지?"

"해답을 찾을 때까지요."

"인도는 처음 온 거야?"

"아니요. 이번이 두 번째예요."

"인도엔 왜 다시 왔어?"

하얀색 터번을 칭칭 감아 머리에 이고 콧수염을 깔끔하게 다듬은 시크교 아저씨가 물었다.

"은인을 만나려요."

"은인이 누군데?"

나는 대답 대신 미소를 지었다.

"사연이 있는 아가씨군. 먼 곳에서 여기까지 온 귀한 손님이니 선물을 하나 주고 싶어."

아저씨는 콧수염을 쓰다듬으며 말했다.

"네? 괜찮아요. 감사하지만 사양할게요."

"받아보고 마음에 안 들면 그 뒤에 거절해도 늦지 않아."

아저씨가 콧수염을 들썩거리며 웃었다.

"아샤. 인도 이름이야. 희망이라는 뜻이지. 용기 있는 아가씨와 잘 어울리는걸. 희망을 갖고 살라는 의미도 있지만 사실, 희망을 타인과 나누며 살라는 뜻이 더 강하지. 행운을 비네."

아저씨는 허허 웃으며 자리를 떴다. 그렇게 나는 우연히 '아샤'라는 이름을 얻게 되었다.

인도에서 얻은 희망을 타인과 나누기 위해 나는 오늘도 '아샤'로 살고 있다.

contents

Part 1

인도 서바이벌

인도 배낭여행 선생님,
아샤

첫째, 고객들로부터 어떠한 종류의 금품 및 선물을 받지 않겠습니다. 둘째, 현지 업체로부터 어떠한 종류의 서비스 및 혜택을 받지 않겠습니다. 셋째, 팀 내 이성과 특별 관계를 만들지 않겠습니다.

나, 이아샤는 위의 세 가지 수칙을 언제나 지켜나갈 것을 엄숙히 선서합니다!

인도식 몸뻬라 불리는 보라색 알라딘 바지에 시바 신의 형상이 그려진 핑크색 티셔츠. 앞 코가 막힌 핑크색 크룩스 슬리퍼. 단발머리에 얼굴은 하얗고 목은 검은 한국 아가씨. 인도 배낭여행 선생님, 아샤. 바로 나다.

난 지금 정신없는 인도 공항 입국장에 있다. 바깥에선 소들이 어슬렁대고 공항 내부는 웅성웅성 어수선하다. 짜이 한 잔을 홀짝이며 10대부터 70대까지 나이를 불문하고 고난이도 배낭여행의 진수를 배우러 오는 학생들을 기다리고 있다. 오늘은 또 어떤 사람들이 올까?

"나마스떼. 인도에 오신 여러분을 환영합니다. 착륙 후 세시간 만에 나오셨네요. 아주 양호해요. 앞으론 이런 연착, 연발, 지체, 대기 많이 만나실 겁니다. 내가 이런 데를 왜 왔지? 두려움과 후회로 다시 한국에 돌아가고 싶으신 분들에 대한 안내는 오리엔테이션이 끝난 뒤 알려드리겠습니다. 자, 제가 설명할 땐 항상 펜과 노트를 준비하세요. 반복이란 없습니다. 여러분들이 알아야 될 것들이 쌓여있거든요. 하나를 반복하면 하나의 새로운 정보를 놓치게 되는 것이지요. 그러니 필기는 필수입니다. 지금부터 진행하는 오리엔테이션은 전체 여행에서 가장 중요합니다. 오리엔테이션을 잘 들으면 앞으로 여행이 편할 테지만 그렇지 않으면 고행일 겁니다. 먼저 확인 좀 해볼까요? 배낭여행 처음 하시는 분, 손 들어보세요!"

난 함박웃음을 지으며 말했다. 과반수가 손을 들었다.

"만만치 않은 이상한 나라에 오신 걸 환영합니다. 첫 배낭여행을 인도로 오시다니 아주 간들이 크시군요. 똑똑하신 것도 분명하고요. 인도처럼 여행하기 힘들고, 어렵고, 사람 미치게 하는 곳도 없거든요. 그런 곳을 잘 여행한다면 여러분들은 배낭여행 고수가 될 거예요. 전 세계 어디를 가도 살아남을 겁니다."

손님들의 표정은 다양하다. 장시간의 비행으로 고단해 보이는 분, 기대에 잔뜩 부풀어 있는 분, 두려움에 잔뜩 긴장한 분, 어색하게 웃는 분…. 아직 첫날이니 앞으로의 인도여행이 어떨지 분명 실감 나지 않을 것이다. 남녀 성비는 언제나 그렇듯 여자가 더 많고 연령대는 중학생으로 보이는 남자아이부터 머리 희끗한 어르신까지 다양하다.

"먼저 제 소개를 하지요. 제 이름은 '아샤'입니다. '아샤'는 인도어로 희망이란 뜻을 가지고 있습니다. 저는 인솔자도 아니고 가이드도 아니에요. 여행하는 방법을 가르쳐주는 배낭여행 선생님입니다. 물고기를 잡아주는 사람이 아닌 물고기 잡는 법을 가르쳐주는 사람입니다. 전 유적지를 함께 돌아보며 일일이 설명해주지 않습니다. 여러분들을 일률적으로 데리고 다니지도 않습니다. 제 임무는 개개인이 홀로 자신 있게 배낭여행을 할 수 있도록 가르쳐드리는 겁니다. 기차 예약하는 법, 좋은 숙소 찾는 법, 버스 갈아타는 법, 관광지 내 이동하는 법, 식당 예절, 음식 메뉴 보는 법, 흥정하는 법, 인도의 문화와 전통 등 그 도시에서 필요한 모든 정보를 알려드릴 겁니다. 한 도시에 도착해서 교육이 끝나면 그때부터는 직접 배운 대로 활용할 기회가 주어집니다. 유적지를 원하는 분들은 마음 맞는 팀원들과 같이 둘러보고, 사람 사는 모습을 보고 싶으신 분들은 시장과 마을을 걸어 다니면 됩니다. 모든 일정은 자율적으로 진행됩니다. 제 목표는 여러분 모두가 '이제 나 혼자 인도 배낭여행을 할 수 있어'라는 자신감을 갖게 만드는 데 있습니다. 우리가 여행하는 방식은 기존의 다른 여행사들과 같은 편안한 패키지가 절대 아닙니다. 숙소, 식당, 교통수단 등 그 어떤 것도 미리 예약되어 있는 것이 없습니다. 이 여행은 여러분들이 직접 현지인들과 부딪히면서 그때그때 바로 예약하고 움직이면서 만들어가야 합니다."

막 나가는
여행 오리엔테이션

　"우리 여행이 어떻게 진행될지 더 구체적으로 얘기해볼까요? 먼저 숙소부터 보겠습니다. 좀 전에 말씀드린 대로 예약된 숙소는 없습니다. 새로운 도시에 도착할 때마다 여러분들이 직접 비교한 뒤 선택하고 그 자리에서 예약을 하게 될 것입니다. 우리는 배낭여행자들이 묵는 2천 원에서 1만 원 사이의 숙소를 주로 이용합니다. 그 숙소들은 가끔 쥐, 도마뱀, 빈대, 벼룩이 나오고 시궁창 같은 냄새가 나고 창문이 없을 수도 있습니다. 여러분은 저와 같이 여러 개의 숙소들을 방문하고 비교해본 후 가장 싸고 깨끗한 숙소를 찾아 흥정을 하고 숙박하게 될 것입니다. 벼룩이 거주하는 침대를 구분하는 방법도, 빈대 퇴치 방법도 알려드릴 겁니다.

자, 그럼 식사는 어떨까요? 맛있는 걸 먹어야죠! 길거리 널린 노점상과 발에 치이도록 많은 식당들이 여러분을 기다리고 있어요. 인도는 단 돈 몇 푼으로도 하루 몇 끼씩 먹을 수 있는 음식 천국이에요. 튀김, 햄버거, 빵, 커리, 볶음밥, 스파게티, 피자, 스테이크, 케밥, 양꼬치, 치킨, 바비큐, 돈가스, 케이크, 과일 등등. 달달하고 기름지고 맛있는 음식들은 빠짐없이 이곳에 있어요. 여러분은 저와 함께 향신료 잔뜩 집어넣은 고약한 커리부터 너무 달아 두통을 일으키는 인도 전통 디저트도 먹을 겁니다. 80퍼센트가 힌두교의 영향권에 들어가는 인도에선 소고기는 먹기 어렵다는 걸 기억하세요. 혹시나 고기는 싫고 채식을 즐기는 분들이 있다면 잘 오셨어요. 인도는 세계 최대의 채식주의 나라이기 때문에 즐길 수 있는 채소 요리가 참 많답니다.

그다음은 여행 내내 가장 큰 괴로움이 될 교통을 말해볼게요. 한 달 동안의 배낭여행 중 야간열차 숙박은 총 열흘. 당일 기차표를 예약하는 우리에겐 누워서 가기는커녕 앉아서 가는 것도 큰 호사가 됩니다. 상황에 따라 자리가 없다면 대기좌석을 사서 남의 자리에 양해를 구하고 앉아서 가거나 통로 빈

자리에 침낭을 깔고 누워서 가게 될 수도 있어요. 이때 쥐들과 바퀴벌레가 머리 위를 스쳐 지나가기도 해요. 최대 열한 시간의 장거리 이동은 기차가 연착되는 요즘 같은 상황엔 스무 시간이 되기도 합니다. 기차역 안에서의 노숙은 선택사항이 아닙니다. 여행 내내 반복되는 필수사항이죠. 또 야간 버스를 탈 때 딱딱한 의자에 엉덩이가 사라지는 느낌은 물론, 휴게소에 세워주지 않는 버스 때문에 화장실 문제로 곤혹스러운 경험을 하게 될 수도 있습니다. 실 예로 2층짜리 버스를 타고 이동하는데 1층에 앉아 있던 손님의 오른쪽 어깨가 위층에서 떨어지는 물로 축축해진 적이 있어요. 손님은 에어컨에서 떨어진 물인 줄 알았는데 2층에서 흐른 오줌이었지요. 화장실을 세워주지 않고 무한 질주하는 버스 때문에 그런 일이 생겼던 거예요. 앉아 가는 건 행운이고 누워 가는 건 호사입니다. 열한

전체적으로 볼 때 우리 여행은 세 가지가 부족합니다. 충분한 잠, 매일의 샤워, 세 끼 식사. 잘 수 있을 때 자고 먹을 수 있을 때 먹고 샤워할 수 있을 때 샤워해야 합니다. '잘 수 있을 때'라는 건 기차가 한 시간 연착되었을 때 침낭 깔고 아무 데나 누워 자야 한다는 겁니다. 잠을 자야 충전이 되므로 틈날 때마다 자야 길고 긴 한 달 여행을 견딜 수 있습니다. 또 잦은 이동

으로 매 끼니를 식당에서 챙기기가 어려워요. 이동 시 먹을 간식과 과일을 항상 준비해서 챙겨 먹어야 합니다. 샤워도 마찬가지 입니다. 일정의 3분의 1을 기차와 버스에서 잡니다. 그러니 하루 종일 걸어 다녀 땀이 나고 냄새가 나도 씻을 곳이 없어요. 세수와 양치라도 할 수 있다면 다행이에요. 우리는 기차역 화장실을 많이 이용하게 됩니다."

손님들의 표정이 그리 밝지 않다. 하지만 어쩌랴! 현실인걸.

"슬슬 머리가 아파오시죠? 그래도 중요하니 잘 들어주세요.

여러분의 여행 일정 동안 반갑지 않은 손님들이 자주 찾아올 거예요. 바로 설사, 복통, 두통, 변비, 감기입니다. 본인의 건강 상태가 좋지 않다면 혼자서 끙끙 앓지 말고 저에게 말해주세요. 설사는 빨리 대처할수록 편해요. 장거리 버스 이동에서 기저귀를 차고 싶지 않으시면 똥의 굵기와 점성도를 저와 공유하세요. 그래야 차후 대처로 병원에 가서 처방을 받은 뒤 여행을 계속 할 수 있습니다. 물은 틈틈이 잘 드시고요. 체력 분배, 식사 분배 잘 챙기면서 여행하세요. 여행 나와서 아플 때가 제일 서러워요. 전 여러분들이 아프지 않고 건강하게 여행하길 바란답니다.

우리는 앞으로 일주일간 '괜히 왔어, 사서 고생이야, 내가 왜 여기 있을까? 너무 힘들어, 집에 가고 싶어' 등 마음이 말하는 온갖 불평불만을 듣게 될 겁니다. 처음 만나는 새로운 팀원들과 함께 여행하다 보면 짜증도 나고 욕도 나올 겁니다. 나이도 다르고 살아온 배경이나 환경, 생각이 각기 다른 사람들이 만나 여행을 하는 건 절대 쉬운 일이 아니에요. 한 사람의 불평불만은 튼튼한 배에 구멍을 만듭니다. 부정적인 기운은 강한 전염성을 가지고 있습니다. 구멍이 난 배는 결국 침몰합니다. 잘 기억하세요. 지금 이 순간부터 우리는 저 사람은 틀렸어, 이상해, 라는 말 대신 그 사람은 나와 달라 하고 말을 할 수 있어야 합니다. 또한 같은 돈 내고 여행 와서 나이, 권위, 학력, 서열 따위는 따지지 맙시다. 이곳에서 그런 건 존재하지 않습니다. 우리는 여행을 하기 위해 귀한 시간과 돈을 가지고 멋진 추억을 만들기 위해 온 사람들입니다. 서로의 자유를 최대한 존중하고 이해해주어야 합니다. 한 달 동안 서로를 비방하며 안 좋은 추억을 만들지, 평생 잊지 못할 좋은 추억을 만들지는 다 여러분의 손이 아닌 입에 달려 있습니다. 다름의 차이를 인정하고 서로를 배려하는 여행은 아름다운 여행입니다. 이 순간은 수백억을 낸다 해도 다시 돌아오지 않습니다. 그러니 다 함께 멋진 여행 만들어볼까요?

혹시 지금 당장 한국으로 돌아가고 싶으신 분은 손을 드세요. 셋까지 셉니다. 하나, 둘, 셋. 없으신 거 같으니 바로 이동하겠습니다. 우리의 첫 숙소가 있는 곳은 악명 높은 사기천국 무법지대 빠하르간즈가 되겠습니다. 우리는 네 명씩 총알택시를 타고 40분 정도 이동합니다. 간혹 코끼리가 지나가거나 택시가 역주행을 해도 놀라지 마세요. 그럼, 렛츠 고!

웰컴 투
인디아

새벽 한 시가 다 되어가는 시각. 택시들이 하나 둘 빠하르간 즈 샘스 카페 앞에 멈춰 섰다. 월월! 거리의 무법자를 자청하는 개들이 떼를 지어 짖어대고, 소들은 어슬렁거리며 밤거리를 활보한다.

"아샤, 저건 뭐예요?"

심각한 얼굴의 손님이 손으로 가리킨 곳엔 사람들이 모포를 뒤집어쓰고 누워 있다.

"밖에서 자는 사람들이에요."

덤덤히 말한 뒤 나는 손님들을 데리고 숙소가 있는 골목으로 들어섰다. 침침한 가로수 불빛 아래 쥐들이 빠르게 지나갔

다. 어두운 골목길, 고장 난 듯 깜빡거리는 호텔 간판. 호텔 안
으로 들어서자 네 평 남짓한 리셉션이 나왔다. 불은 켜져 있는
데 사람은 없고 80년대에나 봤음직한 고물 TV 소리만 들렸다.

"나마스떼!"

큰소리로 불러보건만 인기척이 없었다. 이때, 리셉션 테이
블 아래 튀어나와 있는 모포가 눈에 들어왔다.

"기사아아아앙!!! 기상!!"

내가 소리지르자 부랴부랴 일어나는 매니저 하리. 그제야
눈을 비비며 우릴 반겼다.

"웰컴 투 인디아!"

때 탄 러닝셔츠 차림에 트렁크 팬티를 입고서 손님을 받는
저들의 용감무쌍함! 인도에서 오래 지냈어도 쉽게 익숙해지
지 않는 상황이었다.

"으휴… 자, 여러분 여기가 우리 숙소예요. 키를 나눠드리기
전에 숙소 이용 팁을 알려드릴게요. 짐만 간신히 놓을 수 있
는 작은 방에는 침대 두 개와 샤워 겸용 화장실이 있을 겁니
다. 페인트가 벗겨져 흉측한 벽면에, 갈색으로 누리끼리한 베
개커버, 침대커버는 보기만 해도 눕기 꺼림칙할 거예요. 그래
서 우리는 침낭을 가져온 겁니다. 침낭 안에 쏙 들어가서 주무

셔요. 충전기를 꽂을 때는 버튼을 위로 올린 후 구멍 세 개 중 아래의 구멍에 볼펜을 넣고 콘센트를 꽂은 다음 버튼을 아래로 내리면 됩니다. 그렇게 하지 않으면 감전될 수 있으니 유념하세요. 바퀴벌레, 도마뱀 나왔다고 방 바꿔 달라는 분들이 있는데요, 소용없습니다. 이 건물 내에 같이 사는 식구들이기 때문에 바꿔도 똑같아요. 방 안에서 바깥 소음이 시끄럽게 잘 들릴 거예요. 차들이 빵빵대는 소리 같은 거요. 소음에 예민하신 분들은 내일부터 귀마개를 사서 끼세요. 샤워실에 뜨거운 물 안 나옵니다. 간혹 찬물도 안 나와요. 오늘은 세수만 하고 얼른 주무셔요. 뜨거운 물은 아침 여섯 시에서 열 시 사이, 리셉션에 요청하면 바가지로 가져다줍니다. 정전은 시도 때도 없이 되니까 손전등과 핸드폰 항상 손닿는 곳에 두시고요. 방 안에 전화기는 없습니다. 모닝콜 안 되니 알람 맞춰놓고 알아서 일어나세요. 아침 집합 시간은 지금으로부터 네 시간 뒤인 여섯 시 반 되겠습니다. 귀중품, 카메라는 보조가방에 챙기고 돈 넣은 복대는 단단하게 허리에 매세요. 호텔 창문, 출입문 다 잠겼는지 확인한 후 따뜻한 옷차림으로 나오세요. 아침 산책 및 요가 후 환전하러 갈 겁니다. 아침식사가 끝나면 숙소로 들어와서 씻을 시간 드릴게요. 호명하는 대로 방 키 받아가세요. 얼른 주무셔야 내일이 편안해요."

분명 공항에 도착했을 땐 다들 소풍 온 어린이들처럼 설레는 것 같더니 금세 지금 팀원들의 얼굴은 귀신의 집에라도 끌려온 사람들 같다. 방을 안내하는데 무서워서 못 자겠다는 사람도 있고, 한국행 비행기를 알아봐 달라는 사람도 있다. 매일 겪는 반응이라 나는 덤덤했다.

손님들을 방으로 안내한 뒤 내 방으로 왔다. 침낭을 깔고 누우려는 찰나 누군가 방문을 두들겼다. 문을 여니 벌건 얼굴로 윤정님이 서 있다.

"아샤, 내 방으로 좀 와볼래요?"

방에 들어서니 역한 냄새가 요동쳤다. 윤정님이 손으로 가리킨 곳은 화장실.

"아샤, 난 그냥 변기 물 한 번 내렸을 뿐인데…"

화장실로 들어가니 냄새 나는 오물들이 화장실 바닥을 흥건히 채우고 있었다. 나도 모르게 코를 막고 인상을 찌푸렸다. 1층에 내려가 하리를 불러왔다.

"하리! 이것 좀 봐. 어쩔 거야. 다른 방으로 바꿔줘야겠어."

고개를 살짝 집어넣고 화장실의 참사를 파악한 하리가 태연한 얼굴로 말했다.

"노 프라블럼. 5분이면 해결되는 문제야. 그리고 오늘은 풀이라 남는 방도 없어."

내가 손님에게 말했다.

"10분만 기다려 보실래요?"

다리를 떨며 안절부절 못하는 손님에게 하리가 싱긋 웃으며 말을 건넨다.

"마담, 짜이 한 잔 하실래요?"

윤정님은 기가 막힌다는 표정을 지으며 거절했지만 하리는 거듭 권했다. 그로부터 15분 뒤 짜이 두 잔이 도착했다. 화장실 상황은 그대로였다.

"아니, 내가 지금 도대체 이 상황에 어떻게 차를…"

씩씩거리는 윤정님께 하리가 깍듯이 차를 건넸다.

"마담, 이건 마법의 짜이예요. 마시면 기분이 한결 편안해질 겁니다."

하리와 난 조심스럽게 그녀의 얼굴을 주시했다. 한 모금 마시는 윤정님. 미간의 주름이 펴지고 입에는 묘한 미소가 번졌다. 그리곤 소리 내어 웃기 시작했다. 과연 마법의 짜이다.

"아이고. 나 참… 이런 어이없고 황당한 상황에 화는 나는데 달달한 차를 들이키고 기분 좋아지는 내 모습이라니. 우스워서… 하하.”

옆에 있던 하리도 웃기 시작하고 졸지에 나도 웃었다.

5분만 더, 5분만 더를 외치는 하리를 뒤로 한 채 난 윤정님을 데리고 내 방으로 와 잠을 청했다. 5분이 결국 한 시간, 두 시간이 되고, 그러다 밤을 꼴딱 새울 수도 있다는 걸 나는 잘 알고 있었다. 화장실 사건으로 내 수면시간은 또 줄어들었다. 취침 두 시간 뒤에 다시 기상. 인도 배낭여행 선생님의 일상이다.

소똥웃음
요가

빠하르간즈의 아침이 밝았다. 축축한 안개에 휩싸인 음산함이 거리에 가득 넘쳐흘렀다. 비좁은 골목길에 자기 먼저 가겠다고 머리부터 들이미는 소들까지 쏟아져나와 혼잡스러웠다. 뿔 없는 우리가 살려면 비키는 수밖에.

"여러분 한쪽으로 비켜서세요!"

김이 모락모락 나는 소똥, 사방에 던져진 쓰레기더미, 널브러져 있는 개들. 신경 쓸 게 한두 가지가 아니다. 골목길에서 벗어나 큰 도로로 나가면 그나마 사정이 나을 것 같지만 천만에! 이른 아침 등굣길 아이들을 실어나르는 삼륜차와 사이클릭샤, 오토바이에 차량까지 뒤엉켜 더 복잡하다.

인도 여행 첫날. 생소하고 복잡한 아침 풍경을 담느라 팀원들은 정신없었다. 자칫 한눈팔다 잃어버리기 십상이다.

"오른쪽으로 갈게요."

오른손을 들어 오른쪽 방향을 가리켰다. 줄줄이 뒤따라오는 팀원들이 내 말을 복창했다.

"오른쪽!"

"이번엔 왼쪽!"

"왼쪽!"

정신없는 시장 길을 지나 골목 안 공터로 들어섰다. 안쪽으로 몇 발자국 들어왔을 뿐인데 극과 극이다. 지나온 길이 아수라장이었다면 이곳은 평화롭기 그지없다. 울창한 나무들이 둥그렇게 에워싸고 있고 새들은 아침 반상회라도 하는지 떠드느라 이방인들의 방문은 안중에도 없다.

"둥그렇게 원을 만들어 서주세요. 지금부터 웃음 요가를 실시하겠습니다. 웃으면 복이 온다는 말, 다들 들어보셨죠? 사람의 몸은 가짜 웃음과 진짜 웃음을 구별하지 못한다고 해요. 웃음 요가는 이유 없이 웃는 심리학적 웃음요법과 프라나야마라는 인도 전통요가 호흡법을 결합한 요가입니다. 아주 쉬워서 누구나 할 수 있어요. 이제부터 제가 하는 행동을 따라 하고 웃기만 하면 됩니다."

팀원들은 어색하게 쭈뼛쭈뼛 서 있기만 했다. 그러나 한 달 뒤엔 다들 웃음 요가 마스터들이 되어 있을 것이다. 처음은 어색하지만 그 끝은 창대하므로.

"자, 다 같이 풍선 웃음을 해볼까요? 자신의 손에 풍선이 있다고 상상하고 풍선이 터질 때까지 힘차게 불게요. 제가 이 가시로 풍선을 터트리는 시늉을 하면 다 같이 펑 하고 외친 뒤 신나게 웃습니다. 아셨죠?"

"후, 후, 후, 후, 후우~~ 펑! 우하하하!"

"다음은 소똥웃음입니다. 오른쪽으로 살금살금 걷다가 옆 사람이 소똥을 밟은 걸 보고 손가락질하며 웃는 거예요. 제가 뿌직하고 소리를 내면 다 같이 웃어주세요."

어색해하던 팀원들의 얼굴에 웃음이 번지기 시작했다. 팀원들이 살금살금 옆으로 걷다가 내가 뿌직 소리를 내자 다 같이 손가락질하며 웃었다. 웃음 요가는 억지웃음으로 시작하지만 나중엔 배꼽 빠지게 웃게 된다. 배에 경련이 일어날 정도로 말이다. 우리는 자연스럽게 휘파람웃음, 건배웃음, 박수웃음 등을 연습하며 신나는 아침 요가를 마쳤다. 이른 아침 잔뜩 얼어 있던 얼굴들이 밝아지는 것을 보면 웃음 요가의 효과는 진짜 언제 봐도 탁월하다. 각자 짐을 챙겨들고 이동하려는데 상미님이 갑자기 손을 들었다.

"제 얼굴은 웃고 있는데 제 배는 배고프다고 꼬르륵 꼬르륵 아우성이에요!"

"하하. 조금만 더 참아달라고 말해주세요. 맛있는 아침을 먹기 전에 들를 곳이 있어요. 바로 환전소!"

잔돈
전쟁

"지금 시간 아침 여덟 시. 대부분의 상점이 열 시 이후에나 문을 여는 빠하르간즈에서 지금 영업 중인 환전소를 찾기란 어려워요. 그래서 우리는 24시간 환전소를 갈 겁니다. 한 달 동안 쓸 돈을 한꺼번에 미리 환전하지는 마세요. 중간 중간 환전할 시간을 드릴 겁니다. 10루피(170원)짜리 지폐까지 있는 인도에서 수백 달러를 한꺼번에 바꾸면 돈다발 들고 다니는 여행자가 됩니다. 부피도 많이 차지하고 무엇보다 위험해요. 불안감만 치솟죠. 오늘 저와 같이 한번 해보시고, 앞으로는 본인이 직접 조금씩 환전하며 다니세요."

우리는 이른 아침 음산한 골목길을 걸어갔다. 모포를 머리까지 둘러쓴 인도인들이 우리 곁을 지나갔다. 더운 인도라도 겨울은 겨울이었다. 연막이 덮어버린 것 같은 12월 델리의 아침은 쌀쌀하다 못해 으슬으슬했다.

"아샤 쌤. 이건 안개인가요? 아침부터 뿌여네요."

"안개와 공해가 뒤섞여서 그래요. 매년 12월과 1월은 뿌연 안개철이에요. 항공, 기차의 잦은 연착과 취소 때문에 여행자들이 고생하는 시기죠."

"안개 때문에 더 춥게 느껴지는 거 같아요."

"인도 사람들처럼 머리와 귀를 가리면 좀 나아요."

팀원들을 데리고 허름한 게스트하우스로 들어갔다. 환전상에게 환율을 물어보았다.

"굿모닝 아제이! 환전하러 왔어."

"굿모닝 아샤! 일찍 왔네. 얼마나 환전하려고?"

"15명이니까 1,500달러 정도. 현금은 충분히 있지?"

"그 정도야 껌이지."

"얼마에 해줄 거야?"

"46.60(당시 환율 적용)에 줄게."

"안 돼. 47에 해줘."

"46.70!"

"아제이, 환전소 많은 거 알지? 우리 다른 데 간다?"

"알았어. 그럼 46.80!"

"안 되겠다. 다음에 올게. 안녕."

"알았어, 알았어. 47에 해줄게."

"진즉에 그럴 것이지!"

"여러분! 지금부터 1인 100달러씩 환전할 거예요. 사무실이 좁으니 한 분씩 들어오세요. 환전 규칙 기억나시죠? 정확한 금액의 돈을 받은 뒤 그 자리를 뜨지 말고 직접 세는 거예요. 그리고 또 한 가지는 뭐였죠? 인도에서는 찢어진 돈, 테이프로 붙인 돈 안 받습니다. 쓸 수 없어요. 그러니 잘 확인하세요. 반드시 그 자리에서 잘 세어보세요. 나중에 돈이 모자란다고 해도 떠나면 돈 받기 어려워요."

"환전 다 하셨으면 잔돈에 관한 교육이 있겠습니다. 이쪽으로 모여주세요."

나는 환전을 끝낸 팀원들을 따로 모아 다시 교육에 들어갔다.

"여러분이 인도로 여행 간다고 했을 때 주변에서 거의 이런 얘기들을 들었을 거예요. 냄새 나고 더럽다는데 음식 조심해라, 위험한 나라니 소지품 잘 챙겨라, 정신없고 복잡하다는데 사람 조심해라…. 그렇다면 제가 여러분께 가장 강조하고 싶은 조언은 무엇일까요? 음식 조심도 아니고, 사람 조심도 아닙니다. 제가 드리고 싶은 조언은 잔돈 조심입니다. 인도 하면 잔돈 전쟁입니다. 어딜 가든 잔돈 잘 모으면서 다니세요. 이건 실제 인도 사람들도 어느 정도 동의하는 내용이죠. 인도 어디에서든 우리는 정확한 금액을 내야 합니다. 30루피가 나오면 30루피를 내고 60루피가 나오면 60루피를 내는 게 제일 깔끔해요. 순진한 여행자의 잔돈을 떼어먹을 생각으로 버티는 악질들이 있거든요. 잔돈 전쟁은 오토 릭샤, 택시, 버스, 수많은 상점들, 공공기관 등 어디서나 적용되는 룰입니다. 30루피짜리 물건을 사는데 1,000루피를 내면 물건을 안 팔겠다고 하는 경우도 있답니다. 사고 싶으면 잔돈을 가져오라면서요. 배짱이죠. 인도에서는 늘 동전이 귀해요. 인도 내 슈퍼나 편의점 동전 통에는 사탕이 채워져 있어요. 잔돈 대신 사탕을 던져주죠. 톨게이트도 마찬가지입니다. 잔돈만큼의 과자나 사탕을 던져줘요. 그렇다면 동전들은 대체 모두 어디로 간 걸까요? 누구는 동전이 다 사원이나 교회에 모셔져 있다고 하고, 또 누구는 거지들 손에 쥐어져 있다고 해요. 그러나 정확한 이유는 모릅니다. 저처럼 인도에 사는 외국인도 인도에서 태어나고 자란 인도인도 매일 같은 고민을 합니다. 그러니 잠깐 인도를 여행

한다 해도 잔돈 모으는 건 원활한 여행의 필수사항이죠. 잔돈이 있으면서도 없다고 말하는 건 이곳에서 매일 벌어지는 당연한 일상이에요. 10루피, 20루피, 50루피, 100루피. 잔돈은 챙길 수 있을 때 무조건 많이 챙겨두세요. 그게 가장 중요한 철칙입니다."

나는 열띤 목소리로 말했고, 팀원들은 어리둥절해 하면서도 진지한 표정으로 고개를 끄덕거렸다. 잔돈 교육과 함께 본격적인 인도 여행이 시작된 것이다.

손으로
먹어요

　인도에서 팀원들과 함께하는 첫 끼니. 단체로 식사할 때 가장 큰 장점은 종류별로 시켜서 다양하게 맛볼 수 있다는 것이다. 그렇다고 각자 모두 다른 메뉴를 주문하면 음식이 나오기까지 몇 시간이 걸릴지도 모른다. 우리 인원은 총 15명. 주방장이 여러 명 있는 큰 식당은 각기 다른 메뉴를 한꺼번에 시켜도 비교적 빠르게 나오지만, 여행자 밀집 지역에 있는 작은 식당들은 그렇지 않다. 조리용 불도 많지 않고 일하는 이도 적기 때문이다. 나는 앞장서서 대중적인 아침메뉴들을 주문했다. 아는 집이라 점심·저녁 때만 가능한 커리 요리도 몇 개 부탁했다. 첫 정통 인도 식사이니 만큼 팀원들의 얼굴에는 기대와 흥분, 알게 모르게 서려 있는 두려움까지 역력히 드러났다.

"자, 오늘 공부를 잘 해야 앞으로의 여행이 편해요. 오늘은 제일 먼저 메뉴 공부를 할 거예요. 각자 앞에 놓인 메뉴판을 펼쳐보세요. 영어로 표기가 되어 있지만 잘 보면 힌디 발음을 영어 알파벳으로 적어놓았어요. 한 번만 말씀드리니 잘 적으면서 기억하고 활용하세요."

"아샤, 커리 종류가 정말 많네요!"

상미님이 눈을 동그랗게 뜨며 말했다.

"놀랍죠? 어떤 식당은 커리의 종류가 100가지가 넘기도 해요. 여러분이 아는 국물 있는 커리부터 볶아서 나오는 커리까지 다양합니다. 그럼 제일 먼저 아침식사를 공부해볼게요. 인도 사람들의 심플한 아침식사로 애용되는 건 빠라타와 아짜르(망고피클)입니다. 빠라타는 밀가루 반죽으로 만든 넓적한 빈대떡이에요. 속에 들어가는 재료에 따라 알루 빠라타(감자 빈대떡), 삐야즈 빠라타(양파 빈대떡), 빠니르 빠라타(치즈 빈대떡)로 불립니다. 기름에 구워낸 빠라타와 매콤하고 시큼한 아짜르(망고피클)는 찰떡궁합입니다. 여기에 다히(요거트)도 잘 어울리죠. 포아(납작하게 말린 밥을 야채, 땅콩, 향신료로 볶아낸 음식)도 빼먹을 수 없는 아침식사 메뉴예요. 쌀이 주식인 남인도식 아침으로는 도사(쌀 반죽을 얇게 펴서 구워낸 것), 이들리(발효시킨 쌀 찐빵), 우따팜(쌀가루로 만든 빈대떡)이 유명합니다. 셋다 지금 보고 계시는 메뉴에 아침식사로 따로 분류되어 있는 거 보이시죠? 한국 사람들에게 잘 알려진 탄두리(화덕) 고기 요리와 커리는 주로 점심과 저녁에만 시킬 수 있어요.

다음은 주 메뉴를 보도록 할게요. 주 메뉴는 몇 가지 힌디 단어들만 알면 쉽게 이해할 수 있어요. 채소 이름과 조리법 같은 단어는 아주 유용합니다. 채소는 힌디어로 '싸브지'라고 해요. 흔히 쓰는 채소로는 알루(감자), 머떠르(완두콩), 빨락(시금치), 고비(브로콜리), 가자르(당근), 반드고비(양배추) 등이 있어요. 그 외 알아두면 좋은 단어는 안다(계란), 빠니르(치즈), 코프타(둥그런 경단)가 있습니다. 육식 종류는 주로 영어로 표기돼요. 치킨(닭) 커리, 머튼(양고기) 커리, 피쉬(생선) 커리처럼 말이죠. 그럼 어디 한번 테스트를 해볼까요? 알루 머떠르 커리라고 쓰인 건 무슨 뜻인가요? 세호 씨가 말해보세요."

"감자 완두콩 커리요."

"맞아요. 이해하기 쉽죠? 오늘 설명은 여기까지 하고 이제 다들 손을 씻고 오세요. 인도 사람들은 손으로 식사를 하기 때문에 어느 식당이든 꼭 손을 씻는 공간이 있어요. 화장실과는 별개로요. 오늘은 우리 모두 인도 사람이 되어볼 거예요. 하기 싫으신 분들은 어쩔 수 없지만 저와 같이 인도인들처럼 식사를 해볼 수 있는 기회는 지금밖에 없어요. 앞으로는 여러분들이 직접 음식을 고르고 각자 식사를 하게 될 테니 말이죠!"

내가 설명을 아무리 열심히 해도 시범을 보이는 사람이 없으면 여행자들은 다들 습관대로 포크와 수저를 쓴다. 머리로는 이해가 돼도 행동으로 옮기긴 어려운 게다. 그래서 언제나 시범이 중요하다. 마침 방금 구운 알루 빠라타(감자 빈대떡)가 스텐 접시에 놓였다. 특별 주문한 알루 커리도 나왔다.

"잘 보세요. 이렇게 세 손가락으로 빵을 고정하고 엄지와 검지를 이용해 빵을 뜯는 거예요. 두 손이 아닌 오른손만 이용합니다(왼손은 화장실용)!"

손으로 먹는 것은 간단해 보이지만 생각보다 낯설고 어려워 다들 난감한 표정을 짓는다. 윤정님이 재미있다는 표정을 지으며 열심히 손가락을 놀렸다. 범석님은 몇 번의 시도 끝에 "난 그냥 통째로 뜯어먹을래. 도저히 안 되겠어."라며 포기했다. 대부분의 팀원들은 곧잘 따라 했다. 할 만하다, 신기하다, 어렵다, 재미있다, 각자 다른 느낌을 이야기하던 팀원들의 코멘트 중 최고는 바로 윤정님이었다.

"빵의 따뜻함과 커리의 부드러운 감촉이 손에 그대로 느껴져요. 빵과 커리가 만나 입안에서 축제를 벌이는 것 같아요!"

손에서 입으로 전해지는 그 맛은 경험해본 사람만이 안다. 직접 느껴보지 않으면 결코 알 수 없는 손맛이다.

액션 배우
되기

"오늘은 또 무슨 일이 생길까요? 인도에서 산다는 건 언제나 긴장의 연속이죠."

한 여자가 강한 스페인 억양의 영어로 태연하게 말했다. 스페인에서 온 이 아줌마는 남편의 델리 발령으로 인도에 왔다고 했다. 인도생활 일 년째라는데, 대화할 때마다 고개를 양옆으로 까닥거리는 폼이 누가 봐도 인도인이었다. 투우사의 깃발처럼 빨간 사리(배가 드러나게 입는 인도 여성 전통복)를 빼입은 것도 그렇고.

델리에서 살 때 만났던 동네 아줌마의 말처럼, 3억 3천에 달하는 신들의 숫자를 염두에 두지 않더라도 인도 땅에서는 그

인구수만큼이나 크고 작은 해프닝들이 수없이 일어난다. 계획과 규칙은 애초에 존재한 적 없는 단어인 것처럼 불쑥불쑥 예상치 못한 일들이 팝콘처럼 튀어나온다.

"쳇바퀴 같은 일상이 지루해. 맨날 똑같은 일에 똑같은 생활의 반복이야."

이런 불평은 인도에서는 절대 노(No)! 인도는 똑같은 일이 일어나기 힘든 나라다. 특히나 삶의 터전을 인도로 옮겨온 외국인들에게는 더더욱.

"자, 사랑하는 우리 식구들! 오늘은 평범하게 들릴 수도 있는 시내버스 타기에 대해 공부해볼까요?"

오늘은 또 무엇을 배울까 호기심으로 무장한 채 전투태세를 갖추었던 팀원들은 그만 의아한 표정을 지었다.

"뭐 별거 있겠나, 목적지에 가기 위해 타고 내리면 되는 거 아닌가, 설마 다들 그렇게 생각하고 계신 건 아니죠? 그렇다면 인도가 아니죠. 우리의 특별한 인도는 역시나 예외입니다. 인도에선 그 쉬운 버스 타기에도 어마어마한 내공이 필요합니다. 자, 그럼 인도에서 버스 타는 방법과 주의점을 구체적으로 배워볼까요?

첫째, 액션 배우를 꿈꾸는가? 그럼 델리에서 버스를 타시라.

저 멀리 기다리던 버스가 오는 게 보입니다. 활짝 열려 있는 버스 앞문과 뒷문에 날파리처럼 붙어 낙하 준비를 하는 인도 사람들이 보입니다. 버스가 정류장에 채 닿기도 전에 하늘 위 낙하산 부대처럼 한 명, 한 명 도로 위로 뛰어내리기 시작합니다. 달리는 버스 위에서 도로를 향해 뛰어내릴 때 망설이는 사람은 없어요. 다들 초짜가 아니기 때문이죠. 움직이는 버스에서 내릴 때는 그냥 점프하면 넘어질 위험이 있어요. 속도가 줄어든 타이밍에 맞춰 뛰어내린 후 버스와 비슷한 속도로 계속 달려야 해요.

멈출 듯 말 듯 하던 버스는 정류장을 무심히 지나칩니다. 정류장에서 기다리던 사람들은 멈추지 않고 가는 버스를 타기 위해 함께 뛰기 시작해요. 지구력과 순발력을 발휘해 타는 데 성공합니다. 놀라운 건 백발의 할아버지들도 활짝 열린 문 손잡이에 매달려 간다는 거예요. 인도에 사는 모두가 버스를 타기 위해 무시무시한 액션을 감행하는 거죠. 멈추지 않는 버스 때문에 저도 버스를 세 번이나 놓친 적이 있어요. 첫 번째 버스는 멈출 생각이 없는지 순식간에 지나갔어요. 워낙 순식간에 일어난 일이라 멀어지는 버스 뒷모습만 보며 황당해했지요. 두 번째 버스가 들어올 때는 미리 뛸 준비를 하고 있었어요. 버스가 정류장에 다다를 무렵 속도를 늦추는가 싶었지만 다시 속도를 내는 바람에 눈앞에서 놓쳤어요. 다음엔 반드시 타고 말리라 다짐하며 다음 버스를 기다렸죠. 이윽고 세 번째 버스가 들어오자 저는 도롯가로 튀어 나갔습니다. 그리고는 돌진해오는 버스 앞에 마주섰어요. 거칠게 빵빵거리는 버스, 속도를 줄이긴 하지만 멈출 것 같진 않았어요. 저의 오버액션 때문에 버스는 어쩔 수 없이 속도를 줄였고, 그 틈에 저는 냉큼 버스 문으로 힘껏 뛰어올랐습니다. 그리고 안착! 그때의 희열감이란!

인도에선 버스를 탈 때도 액션이 필요해요. 세 번 놓친 건 그때가 처음이자 마지막이었지만 한두 번 놓치는 건 여전히 빈번한 일이랍니다.

둘째, 내리고 탈 때 지나가는 모든 것들을 조심하시라.

인도에서는 자동차, 오토바이뿐 아니라 지나가는 모든 걸 조심해야 합니다. 자전거, 오토 릭샤(삼륜차), 자전거 릭샤, 개, 장사꾼, 원숭이, 소까지도!

한 번은 이런 일도 있었어요. 버스정류장에서 기다리다가 내가 타려던 버스의 번호가 보이자 저는 땅에 내려놓았던 65리터 가방을 들어 올렸어요. 이윽고 버스가 속도를 늦추며 들어왔고 나도 버스 쪽을 향해 뛰어갔죠. 그 순간 거대한 흰 소가 내 앞으로 끼어드는 거예요. 소한테 먼저 길을 양보했다간 버스를 놓칠 것만 같아 서둘러 소를 앞질렀죠. 그때 멈춰선 버스 옆구리와 소 사이에 전 그만 꽉 끼어버리고 말았어요. 버릇없는 소 자식. 소도 화가 났는지 야성미 넘치는 뿔로 내 배낭을 무지막지하게 찍어댔어요. 배낭이 없었더라면 옆구리에 심한 부상을 입고 병원으로 바로 이송될 뻔 했답니다. 소 엉덩이 한번 걷어차고 싶었으나 신성한 소 폭행죄로 뉴스에 날 것 같아 전 그냥 얌전히 버스에 올라탔습니다.

셋째, 당신이 돈을 냈다는 증거를 확보하시라.

버스에 타면 '딱딱딱딱' 반복적으로 표통을 쳐대는 표 매매 아저씨가 있어요. 지폐들은 가로로 길게 접어 차곡차곡 한 손에 쥐고 한 손으로는 표통을 쥐고 탁탁 소리를 냅니다. 그 암묵적인 암호의 뜻은 탔으면 돈을 내라는 거예요. 그래도 가만히 있으면 알아서 돈을 걷으러 오는데 목적지를 말하면 표를 한 장 줍니다.

표에는 금액이 적혀 있으니 보시고 금액대로 지불하면 됩니다. 참고로 꾼 기질이 있는 아저씨들은 아무것도 모른다는 순진한 얼굴로 "○○까지 가는 데 얼마예요?" 하고 물어보면 2루피 거리도 10루피라고 뻔뻔히 말합니다. 그럴 땐 무시하고 그냥 2루피를 건네세요. 이때 표를 하나 받는데 이걸 잘 간직해두세요. 가끔씩 돈 낸 사람을 헷갈려 하는 경우도 있거든요. 옆에 와서 탁탁 표통을 쳐댈 때 표를 다시 보여주면 됩니다. 표가 없으면 다시 돈을 내야 하니 받은 표는 잘 관리하세요. 어떤 아저씨는 잔돈을 떼어먹기도 합니다. 여행자로서 제일 좋은 방법은 잔돈을 미리 준비해 다니는 거랍니다.

한 가지 팁을 더하자면, 인도의 버스, 지하철, 기차에는 여성·노약자 우대좌석이 있어요. 버스를 타면 창가 쪽에 레이디스 Ladies라고 쓰여 있어요. 여성 우대석이에요. 남자들이 앉아 있어도 여성이 그쪽으로 가면 자리를 비켜주죠. 간혹 안 비켜주는 사람도 있는데 그럴 때 인도 아줌마들은 앉아 있는 남자를 툭툭 치고 창가에 쓰인 문구를 가리킨 답니다.

설명을 마치자 팀원들의 표정이 한층 진지해졌다. 긴장한 기색도 역력하다.

"자, 버스 타는 방법 잘 아시겠죠? 우리 팀 전원이 무사히 한 버스에 타기 위해선 순발력이 필요해요. 가장 빠른 한 분을 선두에 두고 그다음 빠른 분을 맨 뒷줄에 배치할 겁니다. 다 탔는지 확인한 뒤 제가 마지막으로 오를 거예요. 자, 준비됐나요? 그럼 다 같이 액션 배우가 되어볼까요?"

타지마할
역사 쓰기

   매캐한 공기가 휘감고 있는 아그라에 도착했다. 고속도로 공사 작업과 교통사고로 인한 혼잡으로 네 시간 정도 걸리는 거리를 여섯 시간 반에 걸쳐 도착했다. 팀원들과 늦은 저녁을 먹고 각자 휴식시간을 가지는 동안 나는 친구 아베이(타지마할 가이드)와 호텔 식당에서 차를 마셨다.

   "아베이, 잘 지냈어?"

   "난 항상 바쁘지. 아샤 너도 잘 지냈지?"

   "아무렴! 잘 지냈지! 요즘 일은 어때? 관광객 많지?"

   "말도 마. 오늘 장난도 아니었어. 매표소, 타지마할 바깥 입구, 묘 본당 입구 전부 기본 두 시간은 기다려야 했다니까? 아침 아홉 시부터 말이야."

"이거 완전 놀이동산이네."

기가 막힌다는 투로 내가 말했다.

"그러니까 아샤. 내일 아침은 좀 일찍 가도록 해. 아니면 온종일 피곤할지도 몰라."

"역시 자네는 좋은 친구야. 충고 고맙네!"

인도의 겨울은 여행 성수기이자 결혼식 시즌. 아베이도 낮에는 돈 벌랴, 저녁에는 결혼식에 가랴 아주 바쁘다고 했다. 다음날 밤도 사촌 형 결혼식이라고 했다. 대도시의 하루 혹은 사흘짜리 결혼식이 아니라 시골에서 열리는 보름짜리 오리지널 전통 결혼식이라며, 나에게도 꼭 오라고 했다. 도대체 어떤 결혼식이기에 보름씩이나 하나, 놀란 입이 다물어지지 않았다.

그날 저녁 아홉 시 미팅 시간.

"세계 7대 불가사의 중의 하나이자 위대한 걸작품으로 불리는 타지마할은 인도에서 가장 유명한 볼거리입니다. 타지마할은 무굴 제국의 다섯 번째 황제 샤자한이 사랑하는 두 번째 부인 뭄타즈를 애도하기 위해 만들었죠. 국가재정을 쏟아부어 무려 22년 동안 만든 무덤입니다. 순백의 하얀 대리석으로 지어진 17세기 무덤은 영원한 사랑의 증표를 의미하는데요. 이 로맨틱한 건축물을 보기 위해 전 세계 사람들이 우리가 있는 이곳, 아그라로 모여듭니다. 우리도 그 타지마할을 보기 위해 아그라에 온 것이죠. 아그라는 델리와 자이뿌르에서 네다섯 시간 걸리는 인접성 때문에 당일치기 여행자가 많습니다. 주말은 말할 것도 없지요. 하루 평균 2만 명이 넘는 사람들이 타지마할을 찾습니다. 오늘 입장 상황을 타지마할 가이드에게 물어보니 북새통도 그런 북새통이 없었다고 합니다. 바깥 표 검사소에서 두 시간, 타지마할 영묘 안에 들어가는 것도 두 시간. 이런 상황이라면 내일도 나아질 게 없어요. 그러니 '타지마할 진입 대작전'을 감행하도록 하겠습니다."

"그게 뭐죠?"

한 팀원이 궁금한 표정으로 물었다.

"내일 타지마할 입장 역사를 우리가 쓰는 거예요. 작전이라는 건 항상 치밀해야 하는 겁니다. 일사불란한 움직임은 당연 필수죠. 자! 내일 아침 매표소는 여섯 시 20분, 1킬로미터 떨어진 입구는 여섯 시 40분에 문을 엽니다. 우리 팀 총 인원이 15명이니까 이중 13명은 아침 여섯 시 10분 타지마할 입구에 가서 줄을 서고 나머지 두 명은 저와 함께 매표소로 가서 아침 여섯 시에 표를 사겠습니다."

다음날 아침 여섯 시 정각. 나는 남자 팀원 둘과 매표소로 갔다. 어둠이 채 가시지 않은 새벽. 주황빛 가로수 등을 따라 목적지로 향했다. 도보로 3분 걸리는 매표소에 도착하니 여섯 시 7분. 이미 20여 명의 사람들이 줄을 서 있다. 그 줄을 본 내 눈은 반짝거렸다. 그 이유인즉슨, 매표소에는 남자 줄과 여자 줄이 따로 있다는 사실. 기다리고 있는 자들이 다 여자들이니 남자 팀원을 남자 줄에 세우고 15명의 티켓을 사면 훨씬 빠를 터. 여섯 시 20분에 타지마할이 프린트된 티켓의 세팅이 끝나고 매표소가 열렸다. 제일 먼저 티켓을 손에 쥔 우리 남자 팀원 두 명과 함께 티켓에 포함된 물, 신발덮개까지 챙겨 들고 1킬로미터 남짓 떨어진 동쪽 게이트로 이동했다. 그곳까지 가는 데는 전동차를 이용하면 된다. 게이트 앞에 도착해 전동차에서 내렸다. 이미 사람들이 길게 늘어서 있었다. 그리고 나의 기대대로 굳게 닫혀 있는 문의 제일 앞에는 나의 자랑스러운 팀원들이 당당히 서 있었다.

"와우! 역시 맨 앞이군요!"

나는 팀원들에게 티켓을 나눠주었다. 방울방울 소시지처럼 계속 줄이 길어지는 동안 입구 쪽은 손님을 받을 준비로 부산했다. 어둠이 걷히고 기지개를 펴는 해의 기상이 느껴지려던 찰나 3미터는 족히 되어 보이는 게이트가 드디어 열리기 시작했다. 아침 여섯 시 40분, 그렇게 우리 팀원들은 전 세계에서 가장 아름다운 사랑의 증표인 '타지마할'로의 여정을 시작했다. 누구보다 빨리, 무사히 오늘 타지마할 역사에 첫 발자국을 찍은 것이다.

기차 여행의
맛

인도에서 즐기는 한겨울 기차 여행의 맛은 시도 때도 없이 들리는 기차 연착 방송을 들으며 "내 그럴 줄 알았다~." 여유를 부리는 것이고 제 시간에 들어오는 기차를 보며 "이런 일이 없었는데 오늘은 운수대통인 날이군!" 즐거워하는 것이다. 바나나 껍질을 지나가는 소한테 주며 자비를 베푸는 것이고, 구걸하며 떠돌아다니는 아이들과 장난치는 것이고, 차가운 돌바닥에 누워 떨면서 기차를 기다리는 것이고, 선로에서 짜이 한잔 마시며 다른 인도인들과 수다 떠는 것이고, 즉석 오믈렛을 손에 쥐고 호호 불면서 먹는 것이다. 연착 방송, 뜨거운 짜이, 모포, 오믈렛, 안개. 내가 사랑하는 인도 기차여행의 맛!

기차번호 11235 출발시간 저녁 아홉 시. 우리는 아그라에서 바라나시로 간다. 열한 시간이 걸리는 거리다. 달빛 아래 보이던 타지마할도 안개 속에 자취를 감추었다. 온 세상이 뿌연 연막 속에 갇혀 있다. 저녁 일곱 시 반, 우리가 타려던 노란 딱정벌레(삼륜차)들이 하나둘 도착했다. 난 숙소에 두고 가는 물건이 없는지 샅샅이 체크한 뒤 세 명씩 나누어 오토 릭샤에 타게 했다.

"자, 여러분. 우리는 아그라 켄트 기차역에서 다시 만날 거예요. 아그라에는 기차역이 여섯 개나 있어요. 그러니 도착하면 아그라 켄트역이 맞는지 잘 확인하고 내리세요. 그럼 저는 기차역 입구에서 기다릴게요."

오늘 따라 천천히 가는 운전기사가 백미러로 계속 내 눈치를 살폈다. 뭔가 할 말이 있는 사람처럼. 결국 답답한 내가 먼저 물었다.

"꺄해(뭐야)?"

내 물음에 기다렸다는 듯이 말을 꺼내는 운전기사.

"마담, 사실은 말이야. 요즘 아그라에 안개가 많이 껴서 손님이 없어. 집에 들어가면 가족들 얼굴 볼 면목이 없다니까. 그러니 안개 추가 비용을 좀 내줄래?"

'안개 추가 비용은 또 뭐람? 비 오면 비 추가 비용. 더우면 더위 추가 비용. 잘도 갖다 붙이는군.'

나도 태연하게 답했다.

"이봐. 내가 안개를 불렀나? 왜 나한테 안개 비용을 요구해? 신께서 안개를 계속 만들어보내는 건 다 이유가 있는 거야. 그게 불만이면 추가 비용은 신께 청구하도록 해."

그는 내 대답에 할 말을 잃었는지 조용히 운전에 집중했다. 진즉에 그럴 것이지.

걷힐 기미가 보이지 않는 짙은 안개는 기차가 제 시간에 오지 않을 것이라는 암시였다. 겨울철, 특히 1월만 되면 찾아오는 단골손님이다. 추운 한국을 피해 인도를 찾은 여행자들이 가장 피하고 싶어 하는 불청객이다. 기차 연착은 어쩔 수 없지만 안개 속에 가려 보이지 않는 타지마할을 보면 다들 슬퍼한다. 나는 이것을 사랑의 연막탄이라고 부른다. 웅장한 17세기 건물이 연기처럼 사라지는 마법. 타지마할을 지은 샤자한 왕은 이곳을 이슬람 코란 경전에 나오는 신의 영역, 지상 낙원, 천국을 연상하여 만들었다고 한다. 세상을 떠난 부인을 눈물로 그리며 22년 동안 지은 무덤, 그 안에 왕과 왕비가 누워 있다. 한데 전 세계 여행객들이 그들의 사랑을 구경하겠다고 매일 같이 시끄럽게 들락날락하니 천국에서 어찌 평온을 누릴 수 있겠는가. 사랑의 연막이라도 쳐서 잠시나마 둘만의 시간을 보내야지. 그래서 그런지 내겐 안개 속에 어렴풋이 형태만 보이는 타지마할이 더 신비롭고 멋있다. 안개 속에 가려진 모습이 불가사의해서 세계 7대 불가사의로 지정된 것은 아닐까 혼자 생각한다.

아디오스, 타즈. 다시 올게.

아그라 켄트역에 도착하여 운전기사에게 10루피를 더 주었다. 그런데도 더 달라고 악착같이 떼를 썼다. 그럴 땐 주저 없이 '나마스떼' 하고 쿨하게 뒤돌아서면 된다. 팀원들이 모두 도착한 뒤 우리는 다 같이 역 안으로 들어갔다. 그리고 기차 안내 전광판 앞에 섰다. 당연히 그렇듯 기차는 또 연착이었다. 아, 나 이것 참. 이미 잘 알고 있던 상황이고 팀원들에게도 미리 당부했음에도 연착 안내를 보자 한숨이 절로 나왔다. 겨울 인도 기차역은 그야말로 전쟁통이 따로 없다. 안개를 핑계 삼아 오지 않는 기차를 기다리는 사람들로 꽉 찼다. 천을 깔거나 뒤집어쓴 채 자는 사람들, 우는 아기들, 짜이 한 잔 손에 들고 배회하는 사람들, 꾀죄죄한 모습으로 구걸하러 다니는 거지들, 여기저기 누비고 다니는 개들, 어슬렁어슬렁 기차역을 가로지르는 소들까지.

말할 수 없이 혼잡한 기차역 창구를 지나 승객 대기실로 갔다. 슬리퍼 칸 티켓을 가지고 있으면 입장이 가능했다. 하지만 이곳도 사정은 크게 다르지 않았다. 앉는 의자는 물론 만석이고 찬 바닥에 누워 있는 사람들로 발 디딜 틈이 없었다. 하지만 잘 찾아보면 군데군데 한 몸씩 눕힐 공간이 보였다.

"여러분, 사정은 보시는 바와 같아요. 기차는 언제 올지 몰라요. 네 시간 연착이라고 나오긴 하지만 그때 들어오리란 법도 없어요. 우린 이곳에서 열 시간 그보다 더 길면 스무 시간 넘게 기다릴 수도 있어요. 첫날 제가 말씀드린 대로 우린 잘 수 있을 때 자야 해요. 자, 이제 배낭을 한쪽에 가지런히 놓고 절 따라 침낭을 펴세요."

한 달 여행 기간 동안 야간 기차를 열 번 탄다. 안락한 숙소 대신 열 번을 기차에서 잔다는 이야기다. 사흘을 머무는 도시도 있지만 하루만 찍고 떠나야 하는 도시들도 있다. 이렇게 연착으로 반나절이나 하루를 까먹게 되면 일정이 밀리고 잠은 못 자고 피로는 쌓여 다음 일정을 소화하기 힘들다. 체력 관리는 장기 배낭여행자들에게 가장 중요한 수칙이다. 대부분의 팀원들이 나를 따라 침낭을 펴서 잠을 청하지만 어떻게 맨바닥에 눕느냐 마다하는 분들도 있었다. 그런 분들은 벽에 기대어 앉아 있거나 서 있었다. 하지만 장기전으로 가면 앉아 있는 게 얼마나 큰 고통인지 깨닫고 결국 눕게 된다. 다들 처음이 어렵지 두 번째, 세 번째 노숙에선 내가 말을 꺼내기도 전에 일사불란하게 침낭을 편다. 나도 침낭 안으로 들어가 눈을 붙였다. 네 시간 연착이니 세 시간은 잘 수 있는 기회였다. 세 시간 뒤에 일어나 기차 도착 시간을 확인해보니 또 연착이었다. 다시 여섯 시간을 기다려야 했다. 반나절을 기차역에서 보내겠구나. 그래도 이렇게 아예 길게 연착하는 게 낫다. 30분 단위로 연착한 적도 있는데 그렇게 되면 잠도 못 자고 기차 상황실까지 수도 없이 왕복해야 한다. 인솔자도, 가이드도 절대 긴장을 놓을 수 없는 게 바로 겨울철 기차 타기다.

지옥 열차

차디찬 시멘트 바닥에 한참 누워 있다가 한기에 턱이 돌아간 건 아닐까 얼굴을 더듬으며 일어났다. 침낭 아래 신문지를 깔았는데도 몸이 덜덜 떨렸다. 뒤척이며 억지 잠을 청한 지 아홉 시간이 흘렀다. 현재 시각 새벽 네 시 반. 기차는 대체 어디에 있는 건가? 오긴 오는 건가? 잠시 기지개를 펴고 일어나 바깥 동태 좀 살펴보려는데 갑자기 외마디 비명소리가 들렸다.

"아악!"

세호님이 침낭에서 벌떡 튀어나와 혼비백산으로 침낭을 털기 시작했다.

"무슨 일이에요?"

"진짜 죽겠네! 쥐새끼 한 마리가 침낭 안으로 들어왔어요!"

짜증과 울상으로 세호님의 표정이 일그러졌다. 나는 마법의 짜이 한 잔 쏘겠다며 역 앞 짜이 가게로 세호님을 데리고 갔다.

"아이고, 아샤. 내가 상거지도 아니고 노숙에 쥐새끼까지 품어보고… 이제 겨우 나흘째인데 집이 그리워 죽겠어요. 앞으로 얼마나 더 많은 노숙을 해야 하는 거예요?"

불평불만을 늘어놓던 세호님은 짜이를 한 모금 마신 뒤 조용해졌다. 달달한 짜이의 위력이었다. 어쩌겠는가? 방법이 없는데! 짜이나 마실 수밖에. 플랫폼은 여전히 모포를 뒤집어쓰고 누워 있는 사람들로 가득하고 위압감 조성하는 덩치 큰 소들만 기차역 곳곳을 기웃거렸다. 그때 우리가 서 있는 선로로 기차 하나가 진입했다. 그리고 그 기차의 진행 방향을 따라 질주하는 사람들과 기차에서 펄쩍 뛰어내리는 사람들, 올라타려는 사람들로 한적했던 플랫폼이 순식간에 아수라장이 되었다. 그 모습을 보며 여유 있게 짜이를 홀짝거리는 내게 세호님이 물었다.

"설마… 아샤. 우리가 타는 기차도 저렇게 미어터지는 건 아니겠죠? 아니 왜 인도 사람들은 기차가 멈춘 뒤에 차례차례

타면 될 걸 달리는 기차에 올라타려고 저렇게 위험하게 안간
힘을 쓰는 거예요?"

"지옥 열차 때문이에요."

난 빙긋 웃어 보였다.

"아니, 그게 무슨 뜻이에요?"

"굿모닝 짜이도 한 잔 들이켰으니 우리 기차 상황 좀 파악
하러 가볼까요?"

나는 대답 대신 세호님을 데리고 기차역 상황실로 갔다. 상
황이 안 좋기는 그곳도 마찬가지였다. 굳게 문이 잠긴 상황실
안의 직원들은 여유 있는 표정이었으나, 상황실의 조그만 창구
앞에 벌떼 같이 모인 사람들의 표정은 험악했다. 서로 밀치며
자기가 먼저 물어보겠다고 창구 가까이 얼굴을 들이밀었다.

"아샤, 우리 어떻게 물어보죠?"

이럴 땐 북적이는 남자들 틈을 비집고 가기보단 우회 작전
이 필요했다. 난 먼저 적어둔 종이를 꺼내 투명한 문 밖에 밀
착했다. 다행히 자리에서 일어나 문 쪽으로 온 직원이 살짝 문
을 열어주었고 난 질문의 답을 얻은 뒤 유유히 빠져나왔다.

"아샤, 어떻게 한 거예요? 어떻게 아샤만 안으로 들여보내
준 거죠?"

"그런 걸 요령이라 하죠. 종이에 '한국인 그룹입니다. 제발 도와주세요'라고 적어서 보여줬어요. 조그만 창구에 대고 서로 밀치며 알려달라고 윽박지르는 인도인들 대신 전 조용히 물어본 것뿐이에요. 이제 팀원들을 깨우러 가볼까요?"

우리는 대기실로 돌아왔다. 이미 잠에서 깨어난 사람들도 있었다.

"여러분, 일어나세요. 열한 시간 만에 드디어 기차가 와요!"

비몽사몽인 팀원들도 기차가 온다는 소식에 정신이 번쩍 드는지 재빠르게 침낭을 접기 시작했다. 순식간에 떠날 채비를 한 팀원들과 짧은 미팅을 가졌다.

"오늘의 미션을 공개합니다. '한 사람도 빠짐없이 기차에 올라타기!' 우리는 오늘 이 미션을 반드시 성공해야 합니다. 우리가 한 배를 탄 식구라는 거 다들 잘 아시죠? 손발이 척척 맞아야 모두 함께 갈 수 있어요. 기차를 타는 임무는 결코 쉬운 일이 아닙니다. 먼저 우리 앞에 어떤 상황이 펼쳐질지 가상 시뮬레이션을 머릿속에 한번 그려볼까요?"

혹여 본인이 팀과 떨어지지는 않을까, 팀원들의 얼굴엔 걱정스런 표정이 가득했다.

"상황 1.

우리는 플랫폼 1번에서 기차를 기다리고 있어요. 기차역 곳곳 설치된 스피커에선 힌디와 영어로 번갈아가며 실시간 기차 상황을 방송해줘요. 그런데 갑자기 기차가 들어오기 직전 기차 플랫폼이 5번으로 바뀌었다는 방송이 나와요. 그럼 우린 죽어라 달려서 계단을 올라 육교를 넘어 5번 플랫폼까지 악착같이 뛰어야 해요. 여유를 부렸다간 열한 시간 기다린 기차를 놓칠 수도 있거든요.

상황 2.

기차가 들어올 때 인도 사람들은 기차가 멈추길 기다리지 않고 기차와 함께 뜁니다. 표가 없는 사람들이 빈자리를 선점하기 위해 뛰기도 하지만 기차가 오래 정차하지 않기 때문에 빨리 타지 않으면 놓칠 수 있어서 그래요. 하지만 우리가 인도 사람들처럼 달리는 기차에 올라타는 건 무리입니다. 우린 기차가 멈췄을 때 바로 올라타야 합니다. 안에서 내리는 사람들, 밖에서 타려는 사람들 하나하나 기다렸다가 맨 마지막에 타야지 하고 여유부리다가는 홀로 기차역에 남아야 할 거예요. 만약 본인이 타려는 칸 입구에 사람이 너무 많다면 다른 칸 입구에라도 올라타세요. 무조건 타야 해요. 일단 타고 나중에 본인 칸으로 오시면 돼요. 기차 통로는 이어져 있으니까.

상황 3.

기차를 탔는데 본인 좌석에 다른 인도인이 앉아 있어요. 그럼 정중히 비켜달라고 하세요. 비켜주지 않으면 상대방의 표를 확인해보세요. 간혹 상대방과 내 좌석이 같을 때가 있어요. 컴퓨터상의 오류로 더블부킹된 거예요. 그럴 땐 싸울 필요 없이 티티이(TTE, 표 검사원)를 기다리세요. 티티이가 다른 빈자리를 배정해주거나 그게 안 되면 둘이 쓸 수 있는 임시 RAC석(침대 가운데를 양쪽으로 피면 앉을 수 있는 좌석이 두 개 생긴다)을 줄 거예요. 이것보다 더 심각한 상황은 바로 큰 행사나 축제, 순례가 있는 기간입니다. 수많은 사람이 표도 없이 그냥 기차에 올라타버리거든요. 그럼 기차 입구, 통로, 화장실, 세면대 앞할 것 없이 빽빽하게 들어앉은 사람들로 아예 걸어 다닐 수 없는 상황이 생깁니다. 자신의 자리를 사수하기도 어렵고 말도 안 통해요. 심지어 표 검사원도 이런 날은 검사를 포기합니다. 이럴 땐 어쩔 수 없이 다 같이 끼어서 가는 수밖에 없습니다. 이런 걸 지옥 열차라고 해요. 타기도, 걷기도, 앉기도, 화장실 가기도 어려운 아주 개고생스럽고 피곤한 최악의 상황이죠."

기차가 들어온다는 기쁜 소식도 잠시, 내 이야기를 듣던 팀원들의 표정이 어둡고 심각해졌다. 그러나 어쩌랴. 다 같이 무사히 기차에 타기를 빌어보는 수밖에.

"기차가 도착한 순간 아수라장이 시작됩니다. 안에서 내리려는 사람과 밖에서 타려는 사람이 밀고 당기며 몸싸움을 시작할 거예요. 무사히 기차 안에 올라타도 좁은 통로 안을 메운 승객들 때문에 본인의 자리 찾기도 쉬운 일이 아니에요. 자리를 찾으면 일단 의자 아래 빈 공간에 큰 배낭을 넣고 쇠사슬을 채운 후 앉아 계세요. 그래야 다른 승객들이 지나다닐 수 있어요. 귀중품이 든 가방은 절대 몸에서 떼면 안 됩니다. 여행 중 제일 분실이 많이 일어나는 시기는 단연 여러분이 혼란스러운 순간이에요. 유유자적 타깃을 물색하는 소매치기 범의 표적이 되지 않으려면 정신 꽉 붙들어 매고 귀중품을 챙겨야 합니다. 상황실 직원의 얘기로는 우리가 탈 기차가 20분 뒤에 들어온다고 해요. 그 20분이 다시 한 시간이 될 진 모르지만 일단 플랫폼으로 미리 이동할 겁니다."

팀원들이 비장한 각오로 배낭을 어깨에 멘다. 엄마 오리를 따르는 아기오리들처럼 팀 전원이 줄을 지어 플랫폼으로 이동했다. 동이 막 틀 무렵의 새벽 공기가 쌀쌀하게 느껴진다. 사람들로 붐비는 플랫폼 한편에 배낭들을 내려놓고 기차를 기다렸다. 스피커에서 안내 방송이 나올 때마다 귀를 기울였다.

그리고 드디어 기차가 들어온다는 방송이 울려퍼졌다.

"가리 넘버 11235 바라나시 자네왈리 플랫폼 5 빠르 아 라 히해(기차번호 11235번 바라나시행. 열차가 5번 플랫폼으로 들어 옵니다)."

"여러분, 드디어 우리 기차가 들어와요!"

다들 빠릿빠릿하게 일어나 중대한 미션을 수행하기 위해 마음을 다잡았다. 기차가 연기를 내뿜으며 선로로 들어서자 우리도 기차가 움직이는 방향으로 함께 뛰기 시작했다. 난간 에 아슬아슬하게 서 있던 인도 사람들은 하나둘 플랫폼으로 뛰어내렸다. 빨간색 옷을 입은 기차역 짐꾼(쿨리)들도 뛰고, 기 차를 타려는 인도인 승객들도 뛰고, 주전부리를 파는 장사꾼 들도 뛰기 시작했다. 우리는 장애물 피하기 게임을 하는 것 마 냥 사람들을 피하고 가끔씩 튀어나오는 소와 개들도 피해가 며 우리가 탈 선풍기 취침 칸(SL5번 객실) 열차를 찾았다. 열차 앞은 이미 우리보다 먼저 온 인도인 승객들로 바글거렸다. 기 차 안 승객이 다 내리지 않았는데 밖에서 밀고 들어가는 통에 열차 출입문은 뚫릴 기미가 안 보였다. 나는 팀원들에게 "다른 객실 입구로 올라타세요!"라고 소리쳤다. 하지만 다른 쪽도 상 황은 마찬가지. 기차가 정차한 지 5분이 넘었는데 안에서 내리려는 승객들과 타려는 승객들 사이에 실랑이가 끝나지 않 았다.

"다른 객실 입구라도 무조건 올라타세요. 기차가 곧 떠날 거 예요!"

내 목소리가 다급해졌다.

빠~앙~! 기차의 출발을 알리는 경적이 역 안에 울려 퍼지 고 기차가 조금씩 움직이기 시작했다. 인도인들도 혼비백산 이 되어 서로를 밀치며 기차로 올라타기 시작했고 그중엔 넘 어지는 사람들도 있었다. 난 아직까지 기차에 오르지 못한 팀 원들에게 핏발을 세워가며 더 크게 소리쳤다.

"기차가 움직여요. 빨리 올라타요. 놓치면 끝장이에요!"

기차의 속도가 점점 빨라지기 시작했다. 난 기차와 같이 뛰 며 마지막 손님을 밀어 올려 태우고 나 역시 올라타기 위해 안 간힘을 쓰며 달렸다. 점점 빨라지는 기차를 잡기 위해 필사적 이었다. 그런 나를 보며 객실 입구마다 빼곡히 선 인도인들이 자신들의 손을 내밀었다.

"아가씨, 내 손을 잡으라고. 얼른 올라타!"

"더 빨리 달려! 조금만 더! 탈 수 있어!"

어떤 이들은 옆에서 같이 뛰며 날 응원했다. 죽기 살기로 뛰어 간신히 객실 입구에 발을 올리는데 그 순간 배낭 무게에 중심을 잃고 몸이 선로 쪽으로 기울었다.

"아아악!!"

'이제 죽는구나!'라는 생각이 든 순간, 수많은 손이 동시에 날 붙잡아 올렸다. 미션 성공! 발 디딜 틈 없이 좁은 난간을 꽉 매운 인도인들이 날 잡았던 손을 놓으며 환하게 웃었다. 어떤 이들은 박수를 치기도 했다. 심장이 벌렁벌렁 뛰었다. 뒤를 돌아보니 함께 달려줬던 인도인들이 그 자리에 멈춰 환하게 웃으며 손을 흔들고 있었다.

가수의
꿈

나는 엉뚱한 상상하는 게 취미인 사람이다. 나의 상상력은 심심할 때 최고로 발휘된다. 먼지를 내뿜으며 덜컥덜컥 요란하게 굴러가는 인도의 버스 안. 정적만이 감돌 때면 갑자기 볼리우드 주인공이 되는 상상에 빠진다. 어떻게? 자리를 박차고 일어나 버스 한가운데에 선다.

'저 외국인이 뭐 하려고 그러나?' 버스 안 승객들은 안 그래도 큰 눈을 더 크게 뜨며 날 쳐다보고 운전기사도 백미러를 통해 힐끗힐끗 날 본다.

그 순간 어디선가 흘러나오는 신나는 볼리우드 음악에 맞춰 양손을 하늘로 펼치며 흥겹게 인도 노래를 부른다. 고개를 까닥거리고 어깨를 들썩거리며 새침한 표정으로 신나게 노래를 불러댄다. 어떤 이들은 박수를 치며 환하게 웃고 어떤 이들은 함께 춤을 춘다.

끼이이익.

이 모든 상상은 버스가 멈추는 동시에 끝이 난다. 상상에서 깨어나 버스 안을 둘러보면 여전히 조용하고 지루한 풍경뿐이다.

하지만 이와 같은 상상이 볼리우드 영화 속에서만 존재하는 건 아니었다.

어느 날, 자이뿌르 암베르 포트를 구경하고 시내로 돌아가기 위해 팀원들과 다 같이 버스를 기다리고 있었다. 조금 뒤 멀리서 버스가 오는 게 보였다.

"빨리 버스에 올라타세요."

이미 꽉꽉 들어찬 사람들로 만원인 버스. 우리 팀 15명이 모두 타기엔 다소 벅차 보였지만 언제 올지 모르는 다음 버스를 기다릴 수는 없는 노릇. 어떻게든 비집고 올라타야 했다. 나는 팀원들을 뒤에서 밀어넣으며 재촉했다. 성질이 급해 계속 출발하려는 버스 옆구리를 손으로 탕탕 쳐가면서! 간신히 팀원들을 다 태우고 마지막으로 내가 올라탔다.

버스 안은 명백히 정원 초과. 2인용 의자에 세 명씩 앉은 인도인들도 보였다. 통로는 꽉꽉 차 탁한 공기에 숨쉬기도 힘들 뿐더러 뭐 하나 잡고 기댈 곳도 없이 사람들로 빽빽했다. 팀원 몇 명은 다른 사람들에 가려 어디 있는지 보이지도 않았다. 이 지옥 차에서 20분을 버텨야 한다니! 나는 또다시 지루함이 밀려와서 평소와 같이 볼리우드식 상상을 하기 시작했다. 그런데 갑자기 내 옆에 서 있던 청년이 매일 듣는 뻔한 질문을 내게 했다.

"어느 나라에서 왔나요?"

그야말로 식상 넘버원 질문되시겠다. 그다음 질문도 뻔하지. 이름이 뭐예요, 종교가 뭐예요, 우리나라엔 왜 왔나요, 얼마 동안 여행 하나요, 어디 어디 여행했나요, 결혼했나요, 가족은 몇 명이죠… 하지만 이 모든 내 예상을 깨고, 그는 매우 참신한 두 번째 질문을 던졌다.

"인도 노래 알아요?"

"당연하죠. 제가 얼마나 좋아하는데요!"

그다음 이어진 세 번째 질문은 날 깜짝 놀라게 했다.

"그럼 부를 수 있어요?"

그는 내 눈을 보며 진지하게 물었다.

"여기서요?"

이렇게 사람 많은 버스 안에서 간신히 서 있는 중인데? 이 침묵의 버스 안에서 노래를? 영화 찍는 것도 아니고 내가 직접 인도 노래를? 이 사람 진심인가? 그의 눈을 쳐다보며 내가 망설이자 남자가 다시 말했다.

"당신은 할 수 있어요! 이 기회를 잡아요!"

그래, 인생에 기회는 한 번뿐이야. 영화 출연은 못해도 오늘 이 버스는 내가 접수하겠어. 콜록 콜록, 나는 헛기침을 몇 번 한 뒤 노래를 시작했다. 내가 부를 노래는 98년도 최고 히트 영화 주제곡인 〈꾸츠 꾸츠 호따해〉.

"뚬빠스 아예~ 윤 무스끄라예

뚬네 나 자네 꺄 사쁘네 디카예

아브 또 메라 딜 자게 나 쏘따해

꺄 까룽 하예 꾸츠꾸츠 호따해."

순간 조용하던 버스 안은 찬물을 끼얹은 듯 했다. 모든 인도 사람들이 "뭐지?" 하는 표정으로 날 주목하기 시작했고, 그중 몇몇은 나와 같이 듀엣으로 노래를 열창했다. 그리고 그 후? 그냥 한 마디로 표현하자면 열광의 도가니였다. 노래에 맞춰 어깨와 목을 까딱까딱 흔드는 사람들, 까르르 신나게 웃는 사람들, 엇박자로 박수치는 사람들, 기쁨의 함성을 지르는 사람들, "이히! 오호! 샤바쉬!(멋지다)" 추임새를 넣는 사람들, 버스 창문과 천장을 마구 때리며 박자를 만드는 사람들까지! 첫 곡이 끝났을 때는 뜨거운 응원의 함성과 박수, 앙코르 소리가 터졌다. 나는 버스 안을 콘서트 무대로 착각한 듯 무반주로 다음 곡들을 열창했다.

인도의 오래된 인기곡 〈빠르데시 빠르데시〉와 한참 연습 중이었던 〈진드기 해 진드기〉 등을 차례로 불렀다(앙코르를 마다할 내가 아니다). 분위기는 불로 달군 것처럼 후끈후끈 달아올랐고 점점 통제 불능의 상태가 되어갔다. 우리 버스는 시끌벅적하게 도로 위를 달리며 길 위로 지나다니는 모든 행인들의 시선까지 사로잡았다. 의아한 표정을 짓던 행인들은 발걸음을 멈추며 우리 버스를 신기하게 쳐다보았다. 거짓말 좀 보태서 거리 위의 소들마저 가던 길을 멈추고 우리를 쳐다봤다고나 할까.

그렇게 모두 하나가 되어 노래를 부르다 보니 20분이 순식간에 지나고 어느새 목적지에 도착했다. 온갖 열렬한 환호로 열정을 보내준 인도인들에게 나는 "피르 밀렝게(다시 만나요)!"라고 외쳤다. 버스에서 내리는 나에게 하이파이브와 악수를 요청하는 사람들. 운전기사 아저씨는 웃으면서 엄지를 치켜세웠다. 인도인들은 창밖으로 몸을 반쯤 내놓은 채 여전히 손을 흔들며 환호를 보냈다. "피르 밀렝게(다시 만나요)!"라고 소리치면서.

"역시 우리 쌤은 못 말려!"

팀원들은 이구동성으로 말하면서도 다들 즐거운 경험이었다며 흥분을 감추지 않았다. 다음엔 또 어떤 재미난 일이 우릴 기다리고 있을까?

사막은
이런 것

블루 시티 조드뿌르(영화 《김종욱 찾기》 촬영지)에서 낭만의 사막도시 자이살메르로 기차 이동 중이었다. 낮 기온은 28도를 웃돌았지만 밤에는 꽤 싸늘했다. 창문 틈 사이로 불어오는 먼지바람은 더더욱 견디기 힘들었다.

"스카프로 얼굴을 꽁꽁 싸매고 주무세요. 아니면 도착 후 모래범벅이 될지 몰라요."

덜컹거리는 기차소리와 휘이잉 몰아치는 바람소리. 언제 이 밤이 가려나… 불편한 내 심기에도 아랑곳하지 않고 밤은 깊어만 갔다.

새벽 다섯 시 반. 창밖은 대낮처럼 환했다. 한밤중에 사막을 지나온 흔적이 기차 안 곳곳에 쌓여 있었다. 의자 위에도, 가방 위에도 모래먼지가 수북했다. 나는 모래를 훌훌 털고 일어났다. 여섯 시간이 아니라 스물네 시간 동안 기차를 탔다면 우린 어쩌면 모래에 파묻히고 말았을 것이다. 눈곱을 떼기 위해 손을 눈에 가져다 댔다. 눈 사이로 까끌까끌하게 모래가 느껴졌다.

웰컴 투 사막! 그래, 이런 게 사막이지. 온몸 구석구석에 묻어 있는 모래알맹이가 제일 먼저 이방인들을 환영하는 곳. 팀원들도 정신없이 모래 털기에 바빴다. 잠이 덜 깬 상태로 하나둘 배낭을 메고 열차 밖으로 나와 햇살과 마주했다.

이른 새벽에도 불구하고 수많은 호텔 호객꾼들이 줄 지어 서서 자신의 호텔을 홍보하고 있었다. 호텔 이름이 적힌 보드를 들고 각자의 호텔 이름을 외쳤다. 모르고 보면 선거운동이라 해도 믿겠다. 북적이는 삐끼들 사이로 반듯하게 서 있는 숙소 주인 마노즈가 보였다. 그를 따라 혼잡한 기차역을 빠져나갔다. 성 외곽에 위치한 숙소는 400년이라는 나이에도 불구하고 깔끔한 내부와 정교한 인테리어를 유지하고 있었다. 특히 우리가 묵는 4인실은 큰 창을 통해 바람이 시원하게 들어왔다. 크고 늠름한 자이살메르 성도 한눈에 들어왔다. 오전에는 각자 자유롭게 쉬기로 했다. 나는 테라스 카페에 앉아 시원한 라시(요거트 음료)를 마시며 한가로이 책을 읽었다. 정오를 넘어가니 따가운 햇볕이 내리쬐기 시작했다. 사막은 사막이구나. 선글라스를 걸치며 숙소로 돌아왔다. 시원하게 샤워하려고 꼭지를 틀었는데 김이 모락모락 나는 물이 나왔다. 졸지에 사막에서 온천을 즐기게 되었다.

뜨거운 햇살이 수그러든 늦은 오후. 나는 팀원들을 이끌고 자이살메르 성 구경에 나섰다. 76미터 언덕 위에 우뚝 솟은 850살 자이살메르 성. 성은 도시 한가운데 떡하니 서서 그 위용을 과시하고 있었다. 입구 한쪽에서는 빨간색 터번을 쓴 3자 수염의 남자가 피리를 불고 있었다. 그의 앞에 놓인 바구니에선 코브라가 유연하게 웨이브 춤을 추었다. 몇 발자국 올라가니 화려한 장식으로 얼굴과 몸을 치장한 집시들이 수십 개의 방울 달린 발찌와 액세서리들을 깔아놓고 지나가는 이들을 불러세운다. 《알리바바와 40인의 도둑》에서나 나왔을 법한 거대한 성문들을 몇 차례 지나 뱀처럼 굽어진 돌길을 걸어서 올라갔다. 그러자 갑자기 탁 트인 광장이 나왔다. 온갖 색깔 장식으로 치장한 낙타가 긴 다리를 뽐내며 서 있었다. 광장을 중심으로 동서남북 뻗은 골목길을 걷다 보면 영화 알라딘 세트장에 온 것 같은 착각이 들었다. 구멍가게 같은 상점에 양탄

자들과 화려한 색깔의 천들, 이불, 낙타가죽으로 만든 가방과 신발들이 전시되어 있었다. 그 옆집엔 낙타 그림, 사막 여인의 모습을 담은 엽서들도 걸려 있었다. 반들반들하게 포장된 돌바닥을 걸으며 성을 둘러싼 망루 쪽으로 걸어갔다. 녹슨 대포가 허공을 향해 있었다. 그곳에서 바라본 모든 풍경이 명품이었다. 벌꿀 색 사암으로 지어진 집들이 다닥다닥 붙어 있었다. 한눈에 들어오는 도시의 전경이 무척 아름다웠다. 그 도시 뒤로 보이는 허허벌판의 사막도 손에 닿을 것처럼 가깝게 느껴졌다. 느릿느릿 해가 넘어가는 시간의 사막은 마법이 시작된 것만 같았다. 일몰로 하늘이 붉게 물들 때 사막도시는 황금빛으로 출렁거렸다. 골든 시티, 황금빛 도시라는 이름이 빛을 발하는 순간이었다.

다음날, 딸랑딸랑 방울소리가 들려왔다. 느릿느릿 우아한 걸음걸이로 낙타들이 하나둘 도착했다.

"우와! 키가 엄청 커요!"

열다섯 살 지훈이가 낙타를 올려다보며 외쳤다.

"얘네 방귀랑 트림 소리도 엄청 커."

지훈이를 놀리듯이 내가 말했다. 다른 팀원들은 선크림을 바르느라 바빴다. 달걀귀신 분장이라도 한 듯 보이는 팀원들이 내 주위로 모였다. 다들 강한 햇볕에 탈까 봐 모자, 선글라스, 스카프로 단단히 무장했다. 다소곳이 앉은 낙타들이 입을 질겅거리며 우리를 곁눈질했다.

"낭만적인 사막여행을 시작하기에 앞서 일정과 주의사항을 한 번 더 짚고 넘어갈게요. 1인당 낙타 한 마리입니다. 낙타 위에 안전하게 올라타면 낙타몰이꾼들이 일렬로 줄을 만들어 앞쪽 낙타와 뒤쪽 낙타를 묶을 겁니다. 도중에 이탈하는 낙타가 없도록 사전 통제하는 것이죠. 우리는 그늘 없는 땡볕 아래 사막을 여행할 겁니다. 약 두 시간 동안 메마른 평야, 선인장 지대, 베두인 마을, 사막사원 등을 지나게 됩니다. 가시나무 그늘 아래서 점심을 먹은 후 잠시 쉬었다가 최종 목적지로 향할 겁니다. 여러분의 상상 속 사막. 모래언덕들이 우아하게 늘어선 쿠리사막에서 낭만적인 하룻밤을 보내게 될 거예요. 쿠리사막에 도착하면 다 같이 저녁 땔감과 캠프파이어용으로 쓸 만한 마른 나뭇가지들을 모을 겁니다. 이후 사막의 지평선 너머로 매혹적인 일몰을 감상하고 저녁을 먹은 뒤 캠프파이어를 할 거예요. 우리는 오늘 밤, 고요한 사막 모래 위에 매트리스와 침낭을 깔고 하늘을 지붕 삼아 잠을 자게 될 겁니다."

"밤하늘에 별은 많나요?"

효진님이 눈을 반짝이며 물었다.

"오늘처럼 구름 한 점 없다면 은하수를 볼 수 있을지도 모르겠어요. 다들 별똥별에 빌 소원 세 개씩은 생각해두세요. 자, 두근두근 설레는 사막의 추억을 만들기 위해 가장 중요한 게 뭔지 아세요? 바로 안전 수칙! 우리가 타는 낙타는 서 있을 때는 2미터가 넘기 때문에 떨어지면 큰 부상을 입을 수 있어요. 사고는 타고 내릴 때 가장 많이 일어나요. 혼자 타지 마시고요. 낙타몰이꾼의 안내를 기다리세요. 낙타몰이꾼이 낙타를 지정해주면 낙타 위에 올라탄 뒤 안장 앞쪽으로 툭 튀어나온 봉을 양손으로 잡고 몸을 뒤로 눕히다시피 젖힙니다. 내릴 때도 같은 자세를 취해주시고요. 이동할 때도 봉을 양손으로 꽉 잡아야 합니다. 낙타를 타고 이동하다 보면 몸의 반동에 의해 두 발이 자동으로 튕기듯 움직이는데 낙타의 옆구리를 차지 않도록 조심해야 해요. 낙타 위에서 물을 마시거나 카메라로 사진을 찍는 건 되도록 자제하세요. 사진은 쿠리 도착 후 자유 시간 때 많이 찍으세요. 그럼 이제 낙타를 타고 사막으로 떠나볼까요?"

뛰는 놈 위에
나는 놈

"아야야~! 누구야? 내 귀를 문 놈이?"

비명을 지르며 눈을 뜨자, 코앞에 염소 한 마리가 입을 질겅거리며 날 쳐다보았다. 안 그래도 허술하게 엮은 그물침대에 몸을 누이느라 불편해서 짜증이 났는데 아침맷바람부터 웬 염소의 공격이란 말인가.

지난번에 묵었을 땐 흙바닥 위에 보릿자루 같은 멍석을 이불이라고 깔아주었다. 때가 시커멓게 탄 멍석을 바라보며 한참을 고민했다. 누워야 하나 말아야 하나. 그래, 눕자! 그러나 나는 이 과감한 결단 때문에 처참한 상황을 맞닥뜨려야 했다. 간만에 영양가 풍부한 한국음식으로 회포를 푸신 벼룩님들

덕분에 난 피부병에 걸린 개처럼 몇 날 며칠 온몸을 긁어댔다. 다시 마을에 도착하니 잡을 수도, 눈에 보이지도 않는 벼룩을 향한 분노와 공포의 기억이 또렷이 되살아났다. 결국 나는 야외에서 자겠다며 특별히 침대를 부탁했다. 미리 준비한 모기 퇴치로션을 온몸에 듬뿍 바르고 문 밖에 놓인 그물침대에 몸을 누였다. 오늘만은 당하지 않겠다며 벼룩과의 전쟁을 선포하고 꿀잠을 청했건만 이번에는 염소의 공격을 받았다.

'감히 아샤의 귀를 물다니…. 재수 없는 염소자식!'

"워이 워이!"

나는 손으로 염소를 내쫓았다. 사뿐하게 걸어 제 길을 가는 염소의 뒷모습에 약이 올랐다. 어둠이 좀 가셨지만 여전히 조용한 새벽이라 다시 잠을 청하려고 눈을 감았다. 그리고 얼마 지나지 않아 이번엔 누군가 내 허리 위로 점프를 했다. 이것들이 장난하나! 닭 한 마리가 푸드덕 날아 도망쳤다. 남의 집에서 늦잠 자지 말라는 동물들의 경고인가? 나는 하는 수 없이 일어날 채비를 했다. 몸이 뻐근해 기지개를 펴는데 분노 때문에 올라간 혈압으로 아침부터 뒤통수가 당겼다.

끼이익. 그때 문을 살짝 열고 나온 아주머니가 날 보며 씽긋 웃었다.

"아샤, 일찍 일어났네?"

"하하, 네…."

아주머니는 마을 우물에 물을 뜨러 가는 길이라며 물동이를 머리에 이고 있었다. 나도 도울 겸 다른 물동이를 들고 같이 따라나섰다. 해가 뜨기 직전의 이른 새벽. 시골 마을의 아침은 분주했다. 아이들은 일찍 일어나 풀을 엮어 만든 빗자루로 집 앞을 쓸었다. 닭, 염소, 양, 소 들의 먹이를 챙기는 것도 아이들 몫이었다. 마을 여자들은 사리를 펄럭거리며 물동이를 이고 일제히 우물가로 갔다. 항아리에 물을 가득 채우니 무게가 장난이 아니었다. 아주머니를 따라 내 머리 위에 항아리를 올려보려 했지만 쉽지 않았다. 무거워서 몸이 맥없이 흔들리는데 중심도 잡지 못하니까 자꾸만 물이 출렁였다. 출렁거린 물은 어깨 위로 흘러내렸다. 오지랖, 괜히 따라 왔구나. 순간 후회가 훅 밀려왔다.

집에 도착하니 그제야 일어난 팀원들이 나를 반겼다.

"짜이 타임!"

아주머니는 진흙을 발라 만든 낮은 화로에 잘 마른 소똥을 넣고 불을 지폈다. 참으로 단순한 삶이었다. 벽지나 장판, 시멘트나 타일 없이 진흙을 이겨서 만든 집. 놓인 가구라고는 나무

막대에 새끼줄을 엮어 만든 침대 하나가 전부. 할아버지만 침대 위에서 자고 나머지 식구들은 흙바닥에 멍석을 깔고 잔다. 3~4평 남짓한 집에 여섯 식구가 살았다. 게다가 온 동네를 누비며 집안까지 들락날락하는 이 집 꼴통(아침에 내 귀를 문) 검댕이 염소와 닭들. 산더미만 한 덩치의 물소들까지 합치면 그야말로 대식구다. 선반 위와 벽면에는 네모난 종이액자가 걸려 있었다. 컬러풀한 옷차림의 비쉬누 신과 락쉬미 신이 인자한 미소를 짓고 있는 모습이었다. 가족들은 매일 아침마다 신에게 향을 피우고 기도를 드렸다.

꼬르륵. 뱃속이 요동쳤다. 물동이 나르는 데 힘을 좀 썼더니 배가 고팠다. 아주머니는 익숙한 솜씨로 팔팔 끓는 물에 홍차 가루 두 스푼과 갓 짜낸 우유를 넣고 설탕까지 여섯 스푼을 넣었다. 짜이 타임이었다. 파삭파삭 타는 소똥의 화력이 끝내주었다. 순식간에 준비된 짜이를 한 잔 마시니 강렬한 단맛에 정신이 번쩍 날 정도였다.

아주머니의 빠른 손놀림은 밀가루 반죽으로 이어졌다. 밀대를 이용해 납작하게 편 반죽을 달궈진 팬에 올렸다. 한 치의 빈틈도 없이 숙련된 솜씨로 보름달처럼 예쁜 빵들을 노릇하게 구워냈다. 갓 짜낸 우유로 만든 진하고 달달한 짜이 한 잔과 갓 구워낸 빵에 짭조름한 버터를 발라 호호 불며 먹는 이 기분! 행복이란 어쩌면 이렇게 단순한 것인지도 모른다.

50가구도 채 안 되는 작은 마을의 사람들은 소와 염소를 키우며 목화밭을 터전으로 살아가고 있었다. 대부분의 젊은이들은 가까운 도시로 나가 건설일용직, 식당, 호텔에서 일을 했다. 에어컨은커녕 선풍기 하나 돌릴 수 있는 전기조차 제대로 안 들어오는 마을. 차도 못 들어오는 이 시골 마을에서 사람들은 대체 무엇을 하며 살아갈까 호기심이 들었다. 팀원들 역시 마찬가지인지 잔뜩 호기심어린 시선으로 농촌 홈스테이를 즐겼다. 물론 개인마다 호불호가 갈리는 경험이긴 했지만.

각각 다른 집에서 잔 팀원들과 다시 한 자리에 모였다. 돌씹히는 밥과 불편한 잠자리에 고생 좀 했다고 다들 얼굴에 쓰여 있었다. 몇몇은 핼쑥해 보이기까지 했다. 우리는 다 같이 마을 사람들과 이장님에게 감사의 인사를 전했다. 그리고 마지막으로 마을의 모습을 눈에 담았다. 그런데 내가 막 뒤돌아서려는 순간 갑자기 내 앞에서 멀뚱히 날 쳐다보던 물소 한 마리가 뒷걸음질 쳤다. 혹시나 녀석의 발에 채일까 봐 나도 같이 뒷걸음질 치다 그만 보기 좋게 미끄러지고 말았다.

"푸우욱~"

미끄러운 소똥에 대자로 넘어져 하마터면 뒤통수가 깨질 뻔 했다.

"아샤 쌤! 괜찮아요?"

누군가 안쓰러운 표정으로 물었지만, 이미 코를 틀어막고 있는 팀원들의 모습이 한눈에 들어왔다. 푹신해서 뇌진탕 걱정은 없는데, 소똥범벅 때문에 냄새 좀 나는 하루가 되겠는걸. 이런 젠장! 나는 웃지도 울지도 못하는 표정으로 조용히 마을을 빠져나왔다.

당신은 왜
인도에 왔어요?

"저는 십 년 전에 처음으로 인도를 왔어요. 그때 보았던 순백색의 타지마할은 뇌리에서 떠나지 않을 만큼 압도적이었어요. 그 타지마할을 다시 보고 싶어 두 번째 인도여행을 결심했답니다."

－40대 초반 여자 선생님

"아시아와 동남아를 몇 번씩 여행하고 유럽, 미국, 호주까지 다녀오고 나니까 머릿속에 딱 세 곳이 남더라고요. 아프리카, 남미, 인도. 그중에서도 인도는 여행하기 제일 힘들다고 하더라고요. 더 나이 들기 전에 봐야겠다 싶어서 왔습니다."

–정년퇴직 후 여행하는 재미로 사는 60대 초반 여자 손님

"사실 유럽 여행을 하고 싶었는데 생각보다 너무 비쌌어요. 반면 인도는 물가도 저렴하고 땅도 넓어 볼 것 많겠다 싶어 왔어요. 위험하다고 해서 단체 배낭을 신청했는데 생각보다 사람들도 순박하고 영어도 잘 통해 혼자 여행해도 될 것 같아요.**"**
– 대학교 1학년 새내기 남학생(그는 단체 일정이 끝나고 홀로 인도 일부 지역과 네팔 여행을 떠났다).

"친구 꼬드김에 넘어 갔어요. 인도는 사실 생각도 안 했거든요. 그런데 정말 특이한 나라 같아요. 정신없고 복잡하고 무질서한데 잘 보면 그 속에 나름 질서가 있어요. 여행 중에 이렇게 많은 동물들을 길거리에서 보긴 또 처음이에요.**"**
– 지나가는 낙타와 코끼리를 보고 신이 났던 20대 중반의 여학생

"자아를 찾기 위해 왔습니다. 혼자 여행하고 싶었지만 엄두가 나지 않아 단체 배낭여행을 신청했습니다. 조용히 혼자만의 시간을 갖고 싶으니 제게 말 거는 걸 삼가주세요(라고 말했던 건장한 청년은 시도 때도 없이 말을 거는 인도인들의 호기

심에 지쳐 자아 찾기를 포기했다. 하지만 여행이 끝난 뒤, 혼란과 무질서 속에서 평정을 찾는 법을 터득한 듯했다. 평화로운 미소를 지으며 돌아갔으므로)."

– 영적인 인도를 만나러 왔다는 30대 청년

"엄마가 추천해서 왔어요. 방학 때 친구들이랑 놀면 사고 친다고 인도 갔다 오랬어요."

– 중학교 3학년 남학생(담배 피고 술 마시고 오토바이를 빌려 타며 내 가슴을 졸이게 했던 철부지 남학생은 여행을 마친 뒤 개과천선했다).

"옛 사랑을 만나고 싶어 왔어요. 미국 유학 시절 함께 공부했던 인도 친구예요. 꼭 그 친구를 다시 만나고 싶습니다."

–30대 초반의 직장인 여성

"인도의 정기를 받으러 왔어요. 요가와 명상을 통해 내 몸과 정신을 정화한 뒤 마음의 평화를 얻고 싶어요. 새로운 나로 태어나고 싶어요."

–40대 요가 선생님

"저는 소위 잘나가는 대기업 출신입니다. 세상에서 그어 놓은 잣대를 기준으로 보면 남부러울 것 없는 사회적 지위를 갖고 있었죠. 난 열심히 일했고, 아이들은 외국으로 유학 보냈어요. 기러기 아빠였죠. 그런데 지칠 틈도 없이 달려온 40대 중반에 대장암 판정을 받았어요. 머릿속이 하얘지더군요. 치료를 위해 회사를 그만두었어요. 매일 입었던 양복 대신 환자복을 입고 외로운 사투를 벌였습니다. '살아야겠다. 꼭 살아야겠다.'라는 강한 열망으로 고통스런 수술과 치료 과정을 버텨냈습니다. 그런데 어느 날 병실에 누워 있는데 TV에서 인도 바라나시를 보여주는 거예요. 야외에서 보란 듯이 시신을 태우는 장면이었어요. 삶과 죽음에 대해 생각하게 됐죠. 그 방송을 보며 인도에 꼭 가고 싶다는 생각이 들었고 이렇게 오게 되었습니다."

-50대 기러기 아빠

"결혼한 지 5년이 되었을 때 남편은 뇌졸중으로 쓰러졌어요. 몸을 움직이지 못한 채 그이는 20년간 병상에 누워 있었습니다. 전 그 옆에서 병간호만 하며 청춘을 보냈습니다. 남편이 세상을 떠난 뒤 내 인생엔 큰 구멍이 뚫렸어요. 남편이 사라지자 병원에서 보내던 나의 일상이, 아니 내 삶이 송두리째 증발하더라고요. 내가 어디 있어야 할지 모를 만큼 삶에 큰 혼란을 느꼈어요. 그래서 인도로 왔습니다.**"**
-50대 긍정의 아이콘 아주머니

누군가 나에게 물었다.

"아샤 쌤, 매번 똑같은 일정이 지겹지 않아요?"

하지만 그 질문은 틀렸다. 매번 똑같지 않으니까. 매번 다른 색깔을 가진 특별한 팀원들과 여행하기 때문에 나는 지루할 틈이 없다. 내가 만난 사람들은 한 명 한 명 모두 특별한 이야기를 가졌다. 용기와 도전을 몸소 보여주였던 팀원들과 함께한 여행은 언제나 새로운 환희. 나에게는 그 무엇과도 바꿀 수 없는 값진 보물과도 같다. 수백 명의 사람들이 나를 통해 인도를 만났고, 인도를 보았고, 인도를 가슴 속에 담아갔다. 그리고 그들은 언제나 내게 묻곤 했다.

"당신은 인도에 왜 왔어요?"

이제는 내가 그 질문에 답해야 할 차례다. 나와 인도의 운명 같은 첫 만남에 대해.

Part 2

인도 불시착

인도、
그 첫 번째 만남

눈을 떴다. 하지만 아무것도 보이지 않았다. 푸드득, 무언가 날아오르는 소리가 들렸다. 하지만 아무것도 보이지 않았다. 여기는 어디일까?

어려서부터 난 사내아이처럼 컸다. 고무줄놀이보다는 대장놀이와 딱지치기를 좋아했고 동네 아이들 사이에서 서열 2위였다. 골목대장은 아니어도 골목부대장쯤? 항상 사내아이들과 어울리며 내가 남잔 줄 알았다. 힘도 세고 덩치도 커서 나를 여자로 대하는 아이들도 없었다. 또래 여자애들이 미미, 쥬쥬 구두를 신을 때 난 포청천, 태권V, 철인 28호 운동화를 신었다. 내가 언제나 빼먹지 않고 기다리던 만화는 철인 28호였다. 그 우람한 몸통, 강렬한 눈빛을 지닌 철인 28호가 악당들을 무찌를 때면 마치 내가 철인이라도 된 것처럼 환호했다. 철인 28호가 악당들에게 당할 땐 가슴 졸이며 응원도 했다. 나는 그의 광팬이었다.

철인 28호가 만화 속에서 만난 영웅이었다면 우리 아버지는 현실에서 만난 내 마음 속 영웅 철인 28호였다. 수협 조합장이자 사업가였던 아버지는 항상 바쁜 사람이었다. 아버지는 어딜 가나 모르는 사람이 없었다. 모든 사람이 아버지를 형님이라 부르며 깍듯이 대했다. 또 아버지는 멋쟁이였다. 세련된 선글라스에 빨간색 악어무늬 카디건을 걸치셨다. 옷깃이 살아 있는 상의에 구김 없이 주름이 잘 잡힌 하얀색 정장바지를 입고 반짝거리는 구두를 신으셨다. 어딜 가든 눈에 띄는 패셔니스타였고, 무슨 일이든 척척 해결하는 만능해결사였다. 아버지의 강하고 완벽하고 카리스마 있는 그 모습이 난 좋았다. 밖에서는 언제나 카리스마가 넘치는 아버지였지만, 집안에서는 그 어떤 아빠보다 살갑고 다정했다. 시간 날 때마다 우리 남매와 함께 산으로 바다로 여행을 다닌 것도 아버지였고, 고향인 제주의 아름다움을 직접 보고 느끼게 해준 사람도 아버지였다. 나는 늘 아버지를 사랑했고 동경했다. 비록 사내아이 같이 자라 애교도 없고 잘 표현도 못했지만. 그런데 스무살의 어느 여름 날. 갑자기 나의 철인 28호가 사라졌다. 짧은 내 인생에서 가장 고통스러운 사건이 터진 것이다.

철인 28호가 세상을 떠난 후, 내 인생은 불행과 슬픔에 휩싸였다. 어두운 악몽의 나날이었다. 평화롭고 행복했던 나란 존재는 증발해버렸다. 남자처럼 강하다고 믿었던 내 자신은 우는 것밖에 할 줄 아는 게 없는 갓난아이가 되어버렸다. 더 이상 행복은 세상에 존재하지 않는 것만 같았다. 그랬다. 어쩌면 나는 철인 28호가 그 깊은 절망의 늪에서 나를 꺼내주길 부질없이 기다리고 있었는지도 모르겠다. 제발 어서 내 앞에 다시 나타나 달라고, 빛이 보이지 않는 어둠 속에서 날 꺼내 달라고 간절히 기도하고 또 기도했다.

한동안 절망의 늪에서 허우적대던 내게 한 언니가 인도란 나라에 대해 들려주었다. 우리와 생판 다른 사람들의 이야기. 그때까지 난 인도에 대해 아무것도 알지 못했다. 언니는 내게 삶과 죽음의 경계에 있는 도시 바라나시에 가보라고 말했다. 언니의 말처럼 그곳에 가면 내 고통과 절망이 사라질까. 지푸라기라도 잡고 싶은 심정이었다. 눈을 감았다.

인도…. 그리고 바라나시….

2005년 12월이었다. 나는 인도로 가는 비행기 안에 있었다.

처음 나가보는 외국, 어디에 붙어 있는지 모르겠는 나라, 인도. 피부색이 까무잡잡한 사람들, 엄청나게 많은 인구수. 내가 인도에 대해 아는 것이라고는 고작 그 정도가 전부였다. 그런 채로 나는 인도를 향해 날아가고 있었다. 비행기 안에서 내려다본 세상은 내 고향 제주로 향할 때마다 보았던 풍경과 엇비슷했다. 다른 게 있다면 그저 조금 더 멀고, 언어와 생김새가 다른 사람들이 가득할 것이라는 추측뿐.

'저 먼 인도 땅에 과연 내가 찾는 해답이 있을까?'

나는 사뭇 진지하게 마음속으로 묻고 또 물었다.

델리 도착 첫날! 나는 그날을 기억에서 지울 수가 없다. 환전하고 게이트 밖으로 카트를 끌고 나오는데 순간 흠칫했다. 밤색 피부에 눈이 부리부리한 인도인들이 다 나만 쳐다보는 것 같았다. 순간 너무 무서워 다시 공항 안으로 들어갔다. 어쩌자고 생전 와보지도 않은 낯선 곳에 덜컥 혼자 와버렸을까? 시간은 밤 열한 시를 막 넘어가고 있었다. 이런저런 생각을 하다가 다시 용기 내어 공항 밖으로 나왔다. 인도인 몇 명이 내게 다가와 말을 걸었다. 마담, 웰컴, 택시… 익숙한 세 단어만 간신히 귀에 들렸다가 흩어졌다. 그중 한 명이 덥석 내 가방을 잡으려고 했다. 겁을 먹은 나는 다시 공항 안으로 줄행랑쳤다. 이렇게 무서운데 어떻게 이동을 하나 싶어 발만 동동 구르고 있는데 어디선가 반가운 한국말이 들렸다.

"한국 분이시죠?"

세상에 한국 사람이 이렇게 반가울 수가! 듬직한 한국 남성 분이 같은 목적지면 같이 동행하자고 이야기를 꺼냈다. 어느새 나는 보호받는 어린애처럼 그의 뒤를 따라 무작정 택시에 올라 탔다. 우리가 탄 택시는 길게 늘어선 트럭 행렬을 두고 거리낌 없이 역주행을 했다. 난생처음 겪어본 역주행에 죽음의 문턱을 넘는 것만 같았다. 깜깜한 도로 한가운데에서 불쑥불쑥 사람과 소가 번갈아 튀어나왔다. 그러나 심장이 내려앉는 건 나뿐, 택시 아저씨는 한쪽 팔을 창틀에 걸치고 콧노래까지 불렀다.

배낭여행자들의 거리로 유명한 빠하르간즈의 첫인상은 강렬했다. 빈민가 뒷골목에 온 것처럼 어두침침하고 음산했다. 나는 이미 겁에 질릴 대로 질린 상태였다. 두려움에 질식할 것만 같았다. 쓰레기가 너저분하게 널려 있는 길거리, 모포를 뒤집어쓰고 누워 있는 수십 명의 사람들. 저들이 살아 있기는 한 건지…. 말로만 듣던 길거리의 소들도 어두운 그늘 아래 몸을 숨기고 비쩍 마른 개들만이 늑대처럼 동네 순찰을 돈다. 골목 사이사이에는 쥐들이 떼를 지어 다닌다.

어떻게 체크인을 했는지 모를 정도로 정신없이 숙소로 들어왔다. 방에 들어오니 벽면의 곰팡이 흔적들, 한 번도 닦지 않은 듯 누런 변기, 반쯤 깨진 창문, 먼지 쌓인 모포 등 괴기스러운 방의 모습에 침이 꼴깍 넘어갔다. 아, 내가 무슨 정신으로 여기까지 왔는지…. 눈물이 쏟아졌다. 하염없이 울었다. 옆에 없는 엄마를 수도 없이 부르며 울었다. 얼른 집으로 돌아가고 싶은 마음뿐이었다. 밤새도록 빵빵거리는 경적 소리를 들으며 뜬눈으로 밤을 새웠다.

그렇게 공포스러운 첫날밤을 보낸 후, 난 '한국에서 온 울보'로 불렸다. 길거리에서도 울고 버스에서도 울고 기차 안에서도 울고 사막에서도 울고 안나푸르나 산을 타면서도 울었다. 울보는 매일매일 울면서 두 달에 걸쳐 인도와 네팔을 여행했다. 나의 첫 인도 여행은 철인 28호의 빈자리를 메우려던 내 가슴속에 오히려 더 커다란 구멍을 만들었다.

그렇게 두 달의 시간이 흐르고 내 여행의 마지막 종착지이자 내가 인도에 온 이유였던, 바라나시에 도착했다. 삶과 죽음의 경계에 있는 도시. 나는 홀로 골목길을 걸으며 지나가는 시체들에 길을 내주었다.

갠지스강 한쪽에 앉아 가지런히 놓인 시신들이 타들어가는 것을 한참동안 바라보았다. 사람이 한 줌 재로 변하는 모습을 보며 난 울지 못했다. 울보였던 내가 쉽게 울 수 없었다. 나를 지탱해주던 아버지의 죽음 이후 거의 반 년을 울며 지냈다. 그러나 쉴 새 없이 시신이 오가고 태워지는 화장터에서 나는 눈물이 나지 않았다. 오히려 세상 모든 게 정지된 거 같은 고요함을 느꼈다. 유유히 흐르는 갠지스강, 무심히 지나다니는 소, 아랑곳없이 연을 날리는 아이들, 즐겁게 담소를 나누는 젊은이들, 짜이 파는 상인들 그리고 삶과 죽음의 경계에서 세상을 바라보는 나까지. 모든 게 가만히 멈춰진 정물 같았다.

그날 저녁, 나는 브라만 사제들이 신에게 예배를 드리는 곳을 찾아갔다. 제단 위에서 향을 돌리는 사제들의 섬세한 손짓과 표정은 뭔가에 홀린 것만 같이 몽환적이었다. 허공에 피어나는 향이 코끝을 스쳐 지나갔다. 흩날리는 꽃잎들이 갠지스강에 떨어지는 순간 나는 결심한 듯 일어섰다. 가트(Gath, 물로 이어진 계단) 계단을 내려가 가슴 한쪽에 고이 간직했던 아버지의 사진을 꺼냈다. 미리 산 향을 피우고 눈을 감은 채 기도를 올렸다.

"나의 철인 28호. 잘 가요. 행복해요."

디아(꽃접시) 위에 아버지의 사진을 올리고 갠지스강 위로 흘려보냈다. 그제야 눈물이 왈칵 터져 나왔다. 멀어지는 디아를 보며 그와 이별했던 날처럼 주저앉아 울기 시작했다. 종소리는 어디선가 끊임없이 울려 퍼지고, 박수를 치며 신의 이름을 부르는 힌두교도인들의 외침도 이어졌다. 덕분에 동양에서 온 여자가 혼자 울고 있다는 걸 알아채는 사람은 없었다. 그런데 그 순간, 누군가 내 손을 잡았다. 꽃을 파는 여자아이였다. 아이는 작은 손으로 내 얼굴에 흐르는 눈물을 닦아주었다. 그리고 방긋 웃으며 내 귀에 속삭였다.

"스마일."

난 그날 처음 고통 없이 웃었다. 그렇게 날 짓누르고 괴롭히던 가슴속 응어리가 사라졌다는 것을 느낄 수 있었다.

그로부터 2년 뒤, 난 다시 인도로 떠났다.

세계일주의 출발지 겸 거점지로 인도를 택했다. 이동을 수월하게 하기 위함도 있었지만 내게 웃음을 돌려준 '인도'라는 은인을 다시 만나고 싶다는 생각 때문이었다고나 할까?

인도에서 시작하는
세계일주의 꿈

　세계일주! 그 거대한 목표는 대학을 졸업할 때까지 나의 정신을 지탱하는 대들보와 같았다. 고등학교 때부터 그랬다.

　"엄마, 전 대학교 진학 대신 세계일주를 가겠어요. 가서 더 많은 걸 배우고 돌아오겠어요. 그러니 보태주신다고 했던 대학교 등록금을 배낭여행에 써도 될까요?"

　고등학교 졸업식 날 난 당당하게 말했다. 그러나 어림 반 푼어치도 없는 소리. 씨알도 안 먹히는 소리였다. 대학을 다니는 동안에도 내내 가족들에게 세계일주에 대한 나의 꿈을 재창하며 결국 자퇴서까지 냈으나 세계일주를 떠나지는 못했다. 시간은 야속하게 흘렀고 어느새 내 손에는 대학 졸업장이 쥐어졌다. 졸업 후에는 꼭 가리라, 벼르고 별렀지만 세계일주의 꿈은 갑자기 들어온 취업 제의에 또 다시 흐지부지되었다. 어쩔 수 없이 세계일주에 대한 나의 꿈은 '한때의 꿈'으로 묻어두어야 했다. 나는 평범한 사회구성원으로서 남들처럼 살아가기 위해 열심히 일하기 시작했다. 하지만 사회는, 직장은 내가 상상했던 곳이 아니었다. 패기 넘치는 사회초년생이었던 나는 현실과 이상의 괴리감, 꿈꾸던 직업에 대한 실망감으로 붕괴되었다. 정의롭지 않은 일에 눈 가리고 아웅 해야 하는 현실이 싫었다.

늘 꿈꾸던 창업 연구원 일을 막상 그만 두니, 삶이 갑자기 백지가 되었다. 목적도, 꿈도, 나침반도 사라진 암담한 시간들이었다. 나는 뭘 해야 할지, 어떻게 살아야 할지 아무것도 생각나지 않았다. 불안감과 걱정이 밀어닥치기 시작했다.

그러던 어느 날, 서랍장에서 먼지를 뒤집어쓰고 잠자던 옛 다이어리를 발견했다. 툴툴 먼지를 털어내고 무심코 첫 장을 넘겼다. 그곳에는 한비야 작가의 사인이 여전히 선명하게 남아 있었다. 그때 비로소 까마득히 잊고 있었던 '세계일주'의 꿈이 되살아났다. 그냥 떠나! 아주 오랫동안 꿈꾸던 거잖아. 누군가 날 향해 미소 지으며 속삭이는 것만 같았다.

문제는 돈이었다. 등록금 대출을 뺀 470만 원이 내가 가진 전부였다. 아, 이대로 돈 앞에서 무너지나. 나는 절망스러웠다.

"고작 그 돈으로 무슨 세계일주야? 국제미아 될 생각하지 말고 한국에서 남들처럼 그냥 평범하게 살아."

가족들뿐만 아니라 대부분의 사람들이 비슷한 말을 했다. 그러나 나는 그 돈에 희망을 걸었다. 500만 원이 채 안 되는 돈. 물론 넉넉하지는 않지만, 그래도 비행기 티켓을 구입하고도 한동안 그럭저럭 먹고 살 수 있지 않을까 생각했다.

"사람 사는 곳이 다 똑같지. 돈 떨어지면 거기서 돈 벌면 되지. 이번에야말로 기필코 세계일주를 떠나겠어."

"그 돈으로 잠깐 동안 머리 식히고 온다 생각하고 태국이나 가서 쉬다 와. 다녀와서 빨리 다시 취직할 생각하고."

엄마는 여전히 장기여행은 안 된다는 입장이었으나, 내 결심은 확고했다.

난 알고 싶었다. 대학시절에 매혹적으로 다가왔던 창업 강의들. 그래서 결국 창업 연구원이라는 직업까지 갖게 되었지만 그일이 즐겁지 않았다. 나는 스트레스와 혼란 속에 길을 잃은 사회초년생에 불과했다. 하나의 목표를 가지고 달려왔던 나날들이 의미 없게 느껴졌고, 앞으로는 무엇을 보고 달려야 할지 막막했다. 내가 하고 싶었던 일에 궁극적으로 도달하지 못했다는 느낌을 받았다.

세계일주를 통해 내가 진정 하고 싶은 일이 뭔지, 그 해답을 반드시 찾아내겠다고 나는 다짐했다. 내겐 '평생을 행복하지 않게 살다 죽는 것'보다 더 두려운 건 없었다.

세계일주를 하겠다는 결심은 불안에 떨며 우중충했던 내 삶에 바람을 일으켰다. 이 단어의 위력은 정말 어마어마했다. 그저 상상하는 것만으로도 입가에 웃음을 머물게 했다. 내 삶에 안방마님처럼 들어앉아 있던 불행, 불안감, 공포, 두려움과 같은 부정적인 기운들을 몰아냈다. 그리고 대신 용기, 도전, 기회, 기쁨, 행복과 같은 긍정적인 에너지를 채워넣었다.

나는 인터넷과 책을 뒤적거리며 가슴 설레는 세계일주를 구체적으로 계획했다. 내가 짠 여행경로는, 언제라도 갈 수 있는 거리에 동남아와 중국, 일본을 제외하고 인도부터 시작. 인도-파키스탄-이란-터키 국경을 넘어 중동과 아프리카를 보고 유럽을 돌아본 후 모스크바에서 시베리아 횡단열차를 타고 블라디보스토크로 와서 배를 타고 대한민국으로 들어오는 일정이었다. '캬! 죽인다!' 상상만으로도 가슴이 벅찼다.

그로부터 2주 후. 난 인도와의 두 번째 재회를 위해 미지의 세상으로 출발했다. 비행기에 탄 사람들 중 몇몇을 제외하면 다 인도인이었다. 나는 비행기 안에서부터 이미 인도 땅에 발을 내디딘 것이나 다름없었다. 기내식으로 만나는 인도 음식. 코와 정신을 공격하는 강렬한 향신료 냄새. '아, 취한다!' 나도 모르게 감탄사가 튀어나왔다. 앞으로 동거동락하게 될 놈이니 잘 먹어봐야지. 나는 밥알 한 톨까지 남김없이 다 먹었다. 당분간 한국 음식은 먹을 수 없다고 생각하니 조금 서운했다. 그러나 내가 다양한 나라의 음식을 먹어볼 기회는 지금뿐이라는 생각으로 스스로를 다독였다. '그나저나 이번엔 인도 어디를 갈까?' 나는 지도를 뒤적거렸다. 인도라는 나라는 생각보다 어마어마하게 큰 나라였다. 그래도 전에 두 달이나 여행했으니(당시 갔던 곳들은 한국 여행자들에게 유명한 코스인 델리, 자이살메르, 자이뿌르, 조드뿌르, 우다이뿌르, 카주라호, 아그라, 바라나시 등이었다.) 웬만큼은 거의 본 게 아닐까 착각하기도 했다. 하지만 천만에! 내가 본 것은 겨우 빙산의 일각, 아니 그것보다 못했다. 인도를 알기에 두 달이란 시간은 절대 부족이니까. 겨우 수박 겉핥기 정도에 불과했다고 할까? 누군가 내게 '인도 여행 해봤어?'하고 물어본다면 '에피타이저만 먹고 나왔어'라고 답하는 게 맞다. 동서남북 지역마다 인종, 문화, 전통, 언어,

음식 모든 게 달라도 너무 다른 이 나라를 어떻게 전부 봐야 할지 나는 행복하고도 잔인한 고민을 이어갔다.

'지금이 12월이니까 히말라야는 어렵고…. 서부 사막 지대는 저번에 다녀왔고…. 그럼 겨울에 좋은 지역은 남인도가 되겠군. 그럼 먼저 남인도를 여행하고 그 뒤에 꼭 가고 싶었던 히말라야를 가는 거야. 그다음 국경을 넘어 파키스탄으로 이동하면 되겠어.'

나는 가이드북 한 권을 읽고 또 읽었다. 그때 마침 책 속 문구 하나가 눈에 쏙 들어왔다.

"인도 히말라야 라다크는 6월부터 9월까지 4개월만 육로 진입 가능."

그 말은 곧 앞으로 6개월을 기다려야 인도 히말라야 라다크에 갈 수 있다는 뜻이었다.

'그래, 어차피 기약 없는 여행! 천천히 보고 싶은 곳 다 보고 가야지.'

문득, 인도를 보려면 세 번은 가야 한다는 말이 떠올랐다.

나의 세계여행은 구질구질한 여행이 될 수밖에 없었다. 갈 곳도 볼 곳도 많은데 내 전 재산은 470만 원뿐. 여기에 항공권과 비자, 그 외 부가비용으로 120만 원이 나갔다. 이제 남은 돈은 350만 원. 이 돈으로 나는 어떻게든 버티며 세계 곳곳을 두루두루 봐야 한다. 돈이 떨어지면 그 나라에서 일한 뒤 돈을 벌어 다시 여행을 이어갈 생각이었다. 사람들은 무리라고 했다. 다시 생각해보라고 했다. 하지만 나는 마음을 바꾸지 않았다. 지금 떠나지 않으면 결국 행복 없는 삶을 계속 살게 될 것만 같았다. 고인 물처럼 탁하게 정체될 것만 같았다. 그래서 떠났다. 나의 가장 큰 자산인 튼튼한 두 다리를 가지고! 식비도 아끼려고 미니 밥솥까지 챙겼다. 목표 생활비는 하루 5달러. 가난하지만 풍요로운 나의 세계일주가 드디어 시작되었다.

오랜만에 본 인도는 여전했다. 쥐가 튀어나올 거 같은 음산한 분위기의 공항을 나서니, 가장 먼저 안개인지 공해인지 모를 뿌연 연기가 나를 맞이했다. 2년 전이나 지금이나 다를 게 없는 분위기였다. 친근하면서도 몽환적이었다. 스카프로 온몸을 꽁꽁 싸맨 인도인들을 지나 선불택시를 타고 배낭여행자들의 아지트인 빠하르간즈로 향했다. 처음 인도에 왔을 때는 공항 문 밖으로 나설 때조차 덜덜 떨었다. 빠하르간즈에 도착해서는 밤새도록 울기만 했었다. 당시 빠하르간즈 거리 풍경은 호러 무비의 한 장면 같았다.

택시가 공항을 벗어나자 갑자기 더럭 긴장됐다. 자정이 다 되어가는 시간에도 시끄러운 경적소리와 거리를 활개하는 소들이 보였다. 그때나 지금이나 인도의 풍경은 그대로였다. 택시가 숙소 앞에 나를 내려주었고, 나는 무사히 체크인을 마친 뒤 방으로 들어갔다. 안도의 긴 한숨이 흘러나왔다. 놀랄 만큼 모든 것이 순조로웠다. 무사히 인도에 입성한 내가 자랑스러웠다. 물론 긴장과 두려움은 가시지 않았지만! 세계일주란 방아쇠가 힘차게 당겨졌다는 사실이 실감난 순간이었다.

손바닥 위의
사기꾼

카페에 앉아 토스트와 짜이 한 잔으로 아침을 즐기고 있었다. 델리의 겨울옷은 참 다양했다. 외국인들의 복장은 한여름인데, 인도 사람들의 복장은 '추워서 못 살겠어'라고 말하고 있는 듯 했다. 사람들은 저마다 옷차림도 국적도 다 제각각이었다. 지나가는 이들을 구경하는 것만도 눈이 즐거웠다. 너저분한 패션의 히피들도 왔다 갔다 했고, 개나 소도 거리를 배회했다.

아침식사를 마친 뒤 뉴델리 기차역으로 향했다. 이번 인도여행의 첫 번째 목적지인 남인도행 기차표를 사기 위해서였다. 큰길을 건너 역으로 들어서려는데 콧수염 지긋한 인도 남성이 말을 걸었다.

"익스큐즈 미! 당신 지금 기차 예약 사무실 가려는 것이죠?"

"네, 맞아요."

"이런 말해서 미안하지만, 거기 일주일 전에 불이 나서 문을 닫았어요. 임시 사무실은 이 근처에 있어요. 내가 알려줄 테니 날 따라와요."

아저씨는 기차역 반대편으로 향했다. 그런 아저씨를 보며 난 그 자리에 멈춰 섰다. 그는 얼른 자신을 따라오라며 불렀다. 난 그런 그를 보며 하하하하 갑자기 미친 여자처럼 웃기 시작했다. 당황한 아저씨는 깜짝 놀라며 물었다.

"무슨 일이죠? 왜 웃는 거죠?"

난 간신히 웃음을 멈추었다. 인도의 모든 것이 그대로였다.

"모든 게 재밌어서 그래요."

"네?"

"노 프라블럼! 잘 가요."

난 황당한 표정으로 서 있는 아저씨를 뒤로 한 채 가던 길을 재촉했다. 그는 여전히 포기가 안 되는지 크게 소리쳤다.

"거기 문 닫았다니까!"

그러거나 말거나.

북적대는 인파를 뚫고 유유히 뉴델리 기차역 2층 예약 사무실로 갔다. 문을 열고 들어서니 표 예매 직원들이 바쁘게 일을 하고 있었다. 들뜬 여행자들도 티켓을 사기 위해 기다렸다. 나도 얼른 줄을 섰다.

'이럴 줄 알았지. 멀쩡해도 너무 멀쩡하잖아.'

수십 년을 한결같이 우려먹는 기차 예약 사무실이 불탔다는 거짓말. 아무것도 모르는 순진한 여행자들을 자신들의 사무실로 데려가서 비싸게 표를 팔아먹는 고질적인 사기수법에 자꾸만 헛웃음이 났다.

'첫 번째 관문은 무사히 넘겼으나 앞으로 넘어야 할 산이 또 많겠지?'

이 여행에서는 남의 말보다 내 눈을 가장 먼저 믿자고 마음먹었다. 어쩐지 특별한 여행이 될 것이라는 생각에 온 마음이 들떴다.

인도 불시착

나의
영어 역사

난 20대 초반까지도 외국어와는 거리가 먼 사람이었다. 영어 울렁증은 중고등학교 성적표에서도 그대로 드러났다. 내가 영어를 진지하게 배워야겠다고 생각한 건 20살 인도 배낭여행에서였다. 영어 한 마디 못하는 내가 혼자 자기 주도적으로 할 수 있는 건 많지 않았다. 영어를 하는 한국 여행자들에게 빈대처럼 붙어 다니는 것밖에는 할 수 있는 뾰족한 수가 없었다. 일행들과 일정이 달라 헤어지면 난 다시 꿀 먹은 벙어리가 되곤 했다. 영어를 못해서 좋은 점 하나는, 검은 마음으로 다가오는 인도인들에게 속을 확률도 적다는 것. 속아주고 싶어도 무슨 말인지 알아들어야 말이지! 단점은 계약 시 바가지

쓸 확률이 높다는 것. 사막에서 남들의 세 배나 되는 가격으로 사파리투어를 하면서 계약서에 적혀 있던 치킨 바비큐도 먹지 못했다. 그날 난, 치킨을 왜 주지 않았냐는 말 한 마디조차 영어로 하지 못했다. 영어 대신 한국말로 "치킨을 왜 안 줬냐고? 계약서에 적혀 있었잖아!"라고 말하며 분노를 표출했다. 윽박지르는 나를 보고 인도인들은 슬슬 뒷걸음질을 치다 쏜살같이 도망가 버렸다. 어디 그뿐이랴. 영어를 잘못 알아들어 목적지가 아닌 생판 모르는 곳에 도착한 적도 있고, 식당에서 메뉴를 읽지 못해 식사 대신 디저트만 여러 개 시켜 낭패를 보기도 했다.

첫 여행 때 당한 수모와 사기를 세계일주에선 반복하지 않겠다고 다짐했기에, 나는 출발 전부터 열심히 여행회화를 공부했다. 영어문장을 줄줄 읽으며 외울 능력도 안 됐기 때문에 회화 책에 나오는 영어문장 아래 한글 발음을 써놓고 달달 외웠다. 여행을 시작하면서부터는 영어사전과 회화 책을 분신처럼 끼고 살았다. 영어를 연습할 요량으로 지나가는 사람들에게 저돌적으로 얼굴을 들이밀었다.

"하이, 하우 아 유?"

앞뒤 문법 다 틀리면서 더듬더듬 부담스럽게 영어를 내뱉는 나를 대부분의 사람들이 신기해하며 받아주었다. 물론 부담스럽게 들이대는 나의 행동에 줄행랑치는 사람들도 있었지만. 그런 노력이 3개월을 넘어가자 조금씩 여행영어에 자신감이 붙었다. 외국인들과의 대화에서 패턴은 정해져 있었다. 어느 나라 사람인가요? 얼마나 여행했나요? 이렇게 물어보면 그들의 여행 이야기가 한 권의 책처럼 펼쳐졌다. 호기심 많고 말 많은 인도 사람들도 나의 영어 공부에 큰 도움이 되었다. 한 번 말문이 트이니 자동반사로 영어가 튀어나오기 시작했다. 나는 가까워진 여행자들에게 안부를 묻는 영어 이메일도 썼다. 전자사전을 동원해 최대한 틀린 맞춤법을 바로잡아 나갔다. 한 시간이 넘게 걸리던 짧은 안부 메일도 나중엔 술술 써졌다. 이메일 쓰기가 익숙해지자 매일 아침 커피숍에 앉아 신문 읽는 여행자들과 인도인들이 눈에 들어왔다. 그들처럼 우아하게 영자신문을 읽고 싶다는 욕구가 용솟음치기 시작한 것이다. 영자신문 읽기 능력은 운 좋게도 파키스탄에서 빠르게 향상되었다. 위험 지역과 분쟁 지역을 피해 여행하기 위해선 매일 아침 신문 읽기는 필수였기 때문. 그렇게 나는 현재까지 영어와 동고동락하며 사이좋게 지내고 있다.

힌디와
사랑에 빠지다

고등학교 제2외국어 시간. 이게 대체 뭐지? 영어도 꼴 보기 싫은데 외국어를 하나 더 공부하라니? 나는 울며 겨자 먹기 식으로 외국어를 한 과목 강제 선택해야 했다. 관심은 전혀 없 었지만 대세에 휩쓸려 중국어를 선택했다. 셀 수 없이 많은 한 자들과 성조까지 배우면서 나는 마치 만리장성 끝에 서 있는 듯한 느낌을 받았다. 영어와 중국어. 언어 배우기란 내게 고문 이나 다름없었다. 그렇게 오랜 세월 동안, 언어라면 치를 떨었 던 내가, 비로소 처음으로 사랑에 빠진 언어가 있었으니…….

바로 힌디어였다. 난 힌디어를 보고 첫눈에 반했다. 자로 잰 듯한 줄 아래 글자들이 대롱대롱 매달려 있는 모습. 빨랫줄에 빨래를 나란히 널어놓은 것 같은 형상인데, 이건 마치 글자가 아니라 그림 같았다. 나는 힌디어를 본 순간 내 것으로 소유하고 싶은 요상한 본능이 일어났다. 난 힌디 교재를 사서 읽고 쓰기를 반복했다. 인도 땅에 두 번째로 발을 들여놓은 뒤부터는 한 손에 힌디 책을, 한 손에 영어책을 들고 다녔다. 지나가며 보이는 간판들을 읽고 틈날 때마다 쓰기 연습을 했다. 여행 중에 만나는 모든 이들이 내 힌디어 선생님이었다. 시장에서 쓰이는 힌디어를 배우기 위해 시장 통에 쭈그려 앉아 손님과 장사꾼이 하는 말을 적고 따라 해보기도 했다. 기차역에서도 귀를 열고 현지인들의 대화에 집중했다. 힌디와 중중 사랑에 빠져 있던 나는 시도 때도 없이 힌디 책을 읽었다. 힌디어는 추운 날 가장 큰 위력을 발휘했다. 이에 대한 몇 가지 일화가 있다.

첫 번째 일화 : 인간 히터

어느 겨울, 찬 기운에 담배 연기처럼 입김이 새하얗게 나오던 날. 나는 어느 기차역 플랫폼 차가운 시멘트 바닥에 앉아 있었다. 기약 없이 연착되는 기차로 많은 사람들이 담요를 뒤집어쓰고 누워 있던 상황이었다. 내가 탈 기차는 네 시간째 연착 중이었고 언제 올지는 깜깜 무소식이었다. 바닥에서는 한기가 거칠게 올라오고 있었다. 나는 신문지 위에 담요를 깔고 그 위에 수행자처럼 앉아 있었다. 이럴 땐 비장의 무기, 힌디경 읽기를 시작해야 한다.

"나마스떼, 나마스까르, 압 께쎄해."

그리 큰 목소리로 읽지 않아도 지나가던 인도인들이 발길을 멈추고 날 쳐다보았다. 내가 원하는 상황은 순식간에 만들어졌다. 인도인들이 하나둘 몰려들기 시작했다. 지나가던 사람, 궁금증에 다가오는 사람, 내 엉터리 발음을 고쳐주고자 하는 사람 등이 나를 에워쌌다. 완벽한 인간 장벽이 형성된 것이다. 덕분에 찬바람 들어올 틈도 사라졌다. 여기에 덤으로 공짜 힌디 과외 선생까지 얻게 되니, 일석이조! 게다가 가끔씩 종이를 내밀며 "사인 좀 부탁해요"하고 다가오는 사람들이 있다. 처음엔 당황스럽고 쑥스러워 거절했지만, 지금은 "성함이 어떻게 되세요?"하고 자연스럽게 묻는 경지에 올랐다. 나의 서툰 사인과 함께 상대방의 이름까지 적어주는 여유도 부린다. 가끔 이렇게 즐기는 슈퍼스타 놀이는 내 인도 여행의 백미다.

두 번째 일화 : 스페셜 짜이

기차역에서 기차를 기다리는데 날씨도 춥고 짜이 한 잔이 생각났다. 마침 가까운 곳에 짜이 가게가 있었다. 가판대 앞 메뉴판 글씨는 100퍼센트 힌디어였다. 이 정도 힌디어쯤이야 식은 죽 먹기다.

'일반 짜이 2루피, 스페셜 짜이 3루피'

뭘 주문할까 고민하는데 왕눈이 짜이 아저씨가 먼저 말을 건넸다.

"스페셜 짜이?"

기껏해야 1루피 차이니 오케이 사인을 날렸다. 아저씨는 날렵한 손놀림으로 큰 양철 냄비에 물을 넣고 향신료와 홍차를 넣고 팔팔 끓인다. 거기에 우유와 상상 이상의 설탕을 넣으면 인도 짜이 완성! 짜이를 한 입 음미하며 10루피를 내밀었다. 환하게 웃으며 5루피를 돌려주는 아저씨.

"아저씨, 스페셜 짜이는 3루피잖아요!"

"아니야, 아가씨 5루피야."

"무슨 소리예요? 여기 메뉴에 스페셜 짜이 3루피라고 써 있잖아요."

순간 아저씨는 흠칫 놀랐다. 외국인이 힌디를 읽을 거라고

는 상상도 못했을 것이다. 하지만 당황한 기색도 잠시, 태연한 얼굴로 능청스럽게 말했다

"내가 깜빡했어! 너한테 만들어준 건 5루피짜리 더블(?)스페셜 짜이거든. 너무 스페셜해서 메뉴에도 안 쓰고 특별한 사람에게만 파는 거야. 그러나 원치 않는다면 3루피만 받을게." 하며 멋쩍게 윙크까지 곁들였다. 나는 더블스페셜 짜이를 주문한 적 없다고, 원치 않는다고 했다. 그리고 당당히 2루피를 더 건네받았다. 내가 힌디어를 몰랐다면 멀쩡히 눈 뜨고 코 베였을 것이다.

버스가
사라졌다

카주라호-바라나시 장거리 야간버스에 몸을 실었다. 버스 안 외국인은 총 네 명. 두 명의 한국 남자와 한 명의 독일인, 그리고 나까지. 허허벌판 도로 위를 달리던 버스는 제법 큰 시내로 진입했다. 버스들이 많이 서 있는 걸 봐선 동네 터미널이라도 되는 듯했다. 버스가 멈추자 한두 명이 아닌, 대부분의 승객이 내리기 시작했다. 영문을 몰라 갸우뚱거리던 우리 넷은 운전기사에게 물어보려고 다가갔다. 독일 여행자가 물었다.

"여기서 쉬나요?"

"디너 타임."

"얼마나 쉬나요?"

"한 시간."

그는 영어를 짧게 내뱉고 자리에서 일어났다. 내가 힌디어로 재차 확인을 하자 운전기사는 귀찮다는 듯 답을 하고 빠르게 사라졌다. 인도에서는 이렇듯 시간을 몇 번이나 확인해야 한다. 우리는 터미널 근처의 허름한 식당을 찾아 들어갔다. 간단한 음식을 시켜 먹자 40분 정도가 지났다. 식사를 마친 우리는 미리 버스 앞에 가 있기로 했다. 인도 버스는 언제나 믿을 수 없으니까. 각자 계산을 마치고 서둘러 버스 있는 곳으로 왔다. 그런데 설마, 설마, 설마… 분명 과일가게 앞에 있던 하얀색 버스가 보이질 않았다. 여전히 수십 대의 버스들이 꽉 들어차 있는 터미널의 풍경은 그대로였지만 우리가 타고 온 그 버스만 보이지 않았다. 버스가 서 있던 자리는 텅 비어 있었다. 누군가 입을 열었다.

"아닐 거야. 아마 다른 곳에 주차했겠지."

그의 말에 맞장구치며 각자 버스를 찾아보기로 했다. 몇 분 뒤, 우리는 허망한 표정으로 다시 모였다. 버스 트렁크에는 우리의 배낭이 들어 있었다. 버스와 함께 우리의 배낭도 종적을 감춘 것이다. 독일 청년은 울먹이기 시작했다.

"앞으로 여행이 6개월이나 더 남았는데… 이건 말도 안 돼!"

혼비백산이었다. 나는 우선 우리가 탔던 버스와 비슷한 버스를 찾아다니며 일일이 기사를 확인하고 승객을 확인하며 뛰어다녔다. 네 명 모두 패닉 상태였다. 발을 동동 구르며 어쩔 줄 모르는 우리에게 인도인들이 다가왔다.

　"무슨 일이에요?"

　"우리 버스가 사라졌어요."

　"버스 번호가 뭐죠?"

　당연히 알 턱이 없었다.

　"어디 가는 버스죠?"

　"바라나시요."

　놀란 우리와는 달리 그는 침착하게 우리 버스가 있던 근처 상점에 가서 버스에 대해 묻는 듯했다. 그러더니 곧 낙담하는 표정을 지었다.

　"버스가 떠났대요."

　그 말 한 마디에 우리는 말을 잇지 못했다. 어떻게 해야 할지 아무것도 생각나지 않았다. 머릿속이 텅 비어버린 듯했다. 그런 우리를 둘러싸고 인도인들이 한 마디씩 거들었다. 경찰서로 가야 한다느니, 버스가 다시 오길 기다리라느니, 짐을 버리고 그냥 다른 버스를 타라느니… 마지막 제안은 떠나버린 버스를 잡으라는 것이었다.

"아니 대체 어떻게?"

"오토 릭샤(삼륜오토바이) 타고!"

우리 넷은 고민했다. 버스를 기다릴지, 쫓아갈지 도저히 결론이 나지 않았다. 그때 아이디어를 냈던 인도인이 오토 릭샤를 불러왔다.

"자, 빨리 타요! 지금 타면 따라잡을 수 있을 거예요!"

둘은 타고 가고, 둘은 남아 있자는 의견도 나왔으나 다시 돌아올 수가 없기에 다 같이 오토 릭샤에 탔다. 오토 릭샤를 잡아준 아저씨는 기사에게 우리 상황을 설명했고 릭샤가 다음 정류장에 내려줄 것이라며 걱정 말라고 했다.

세 명은 뒷좌석에, 한 명은 운전기사 옆에 찰싹 붙어 앉았다. 이윽고 인도인들의 배웅을 받으며 야심차게 출발했다. 마음이 급한 우리와 달리 오토 릭샤는 굼벵이처럼 천천히 여유 있게 달렸다. '잘디잘디(빨리요 빨리)'를 외치는 우리의 급한 마음은 안중에도 없는 듯했다. 오토 릭샤 옆으로는 짙은 어둠 사이사이 희미한 자동차 불빛만이 지나갔다.

그렇게 20분쯤 갔을까. 상점들이 군데군데 불을 밝히고 있는 시가지가 나왔다. 속 터지게 달리던 오토 릭샤가 멈춰 섰다. 운전기사가 어딘가를 향해 손을 가리켰다. 기사의 손가락 끝으로 시선을 따라가니 우리가 기억하던 하얀색 바라나시행 버스가 있었다. 우리 넷은 각자의 눈을 의심했다. 버스로 뛰어가 올라타니 낯익은 운전기사의 얼굴이 보였다. 기쁨과 동시에 분노가 치밀어올랐다. 왜 우리를 두고 갔냐는 물음에 운전기사는 대수롭지 않게 말했다.

"시간이 다 돼서."

"분명 한 시간이라고 말했잖아요!"

그러나 우리가 아무리 씩씩거려도 소용없었다. 운전기사는 별로 대수롭지 않다는 듯이 돌아서버렸다. 버스 안 승객들은 무슨 일인지 뻔히 알겠다는 듯이 키득키득 웃었다. 의자 아래 두었던 우리의 소중한 짐을 확인하고 트렁크 안에 두었던 짐들도 무사한지 확인하고 나서야 겨우 자리로 돌아와 앉았다. 그러나 놀라고 화난 가슴은 쉽게 진정되지 않았다. 쿵쾅대는 심장을 다독이며 '이제 괜찮아, 괜찮아.' 라고 내내 말해주어야 했다.

인도인과
한판승

고락뿌르에서 인도 네팔 국경인 소나울리로 향하는 버스를 찾기 위해 두리번거렸다. 물어물어 도로 한쪽에 정차해 있는 버스를 찾았다. 버스에 올라타자마자 옆에 앉아 있던 아주머니에게 물었다.

"소나울리까지 얼마예요?"

"소나울리까지 80루피야."

아주머니께서는 빙긋 웃으며 답해주셨다. 이윽고 몇 분 뒤, 검표원이 올라탔다. 새로운 승객이 탔는지 확인이라도 하려는 듯 고개를 이리저리 돌리며 버스 안을 보더니 나에게 다가와 물었다.

"소나울리?"

"예스, 얼마예요?"

"200루피."

"80루피라는 거 알고 있는데 무슨 말이죠?"

"모든 게 다 오르는 세상이야. 그건 옛날 가격이야. 빨리 돈 내! 나 바빠."

"80루피밖에 못 내요!"

몇 분간 아저씨와 한바탕 실랑이를 했다. 힌디어로 언성 높이며 싸우니 버스 안에 있던 사람들이 세상 좋은 구경거리 놓칠세라 하나둘 모여들었다. 나는 굴하지 않고 목소리를 높였다.

"지, 함 비데쉬해. 레낀 함 비 엑 촛따 인싼해. 무쎄 하미샤 쟈다 빼쌰 꽁 망그떼 해 (네, 저 외국인 맞아요. 하지만 저도 같은 사람인데 왜 더 내라고 하는 거예요)?"

바로 내 옆에 서 있던 턱수염 기른 중년 남성이 내 말을 거들었다.

"옳소! 검표원 양반 솔직하게 돈 받으라고!"

실랑이를 지켜보던 사람들 사이에서 이런저런 의견들이 튀어나왔다. 외국인이니까 돈을 더 내는 게 당연하다는 사람부터, 요금이 다른 것은 불합리하다는 사람까지. 버스 안에서 시끌벅적 토론이 벌어졌다. 버스 밖을 지나가던 인도인들까지 하나둘 버스 주변으로 모여들었다. 짜이 장수는 사람이 많은 틈을 놓칠세라 양철 주전자를 옆에 끼고 어느새 냉큼 달려왔다.

"짜이 짜이~! 짜이요 짜이~!"

짜이 장수는 실랑이 중인 나에게까지 다가와 싱글 웃으면서 짜이를 권했다. 날 뚫어지게 쳐다보면서! 뒷돈 몇 푼 챙기려다 사태가 점점 커지는 걸 느낀 검표원은 나를 째려보다가 조용히 다가왔다. 그리고 또렷한 목소리로 말했다.

"네가 이겼어. 빨리 가서 앉아!"

그리곤 사람들에게 소리쳤다.

"자자! 다들 빨리 자기 자리로 돌아가라고. 다 끝났어. 볼거리 없으니까 얼른 사라져버려!"

난 그제야 싱글벙글 웃으며 의기양양 자리로 돌아가 앉았고, 여전히 사태 파악 안 된 인도인들은 흩어지지도 않고 자신들끼리 토론을 계속 이어갔다.

"너, 한 건 했구나!"

누군가 뒤에서 내 어깨를 툭툭 쳤다. 고개를 돌리니 금발의 아름다운 백인 여자가 날 보며 웃고 있었다.

"안녕, 내 이름은 수잔이야. 너 참 멋지던걸?"

나처럼 화끈한 동양인은 처음 봤다고 말하는 수잔은 독일에서 온 아가씨였다. 일 년 동안 아시아를 여행 중이라 했다. 우리는 함께 국경을 넘어 네팔 수도 카투만두까지 여행하기로 했다. 수잔과 나의 만남은 참으로 절묘한 순간에 이루어졌다.

행복은
뜻밖에 찾아온다

인도 바라나시에서부터 네팔 카트만두까지 기차로, 지프로, 버스로 스무 시간 넘게 달렸다. 몸이 천근만근이었다. 간만에 개운하게 씻고 맛있는 밥까지 먹으니 기분이 상쾌해졌다. 거의 이틀 내내 의자에 엉덩이 딱 붙이고 왔기 때문에 수잔과 나는 둘 다 무언가 정리할 시간이 필요했다. 지출 내역, 못다 쓴 일기 등…. 우리는 햇살이 따뜻한 옥상에 자리를 잡았다. 저 멀리 한 폭의 그림 같은 새하얀 히말라야 산맥이 보였다. 살랑거리는 바람이 기분 좋게 볼을 스쳐 지나갔다. 나는 다이어리 정리를, 수잔은 그림을 그리기 시작했다. 조용히 각자의 활동에 집중하던 그때 어디선가 새의 지저귐이 들려왔다. 우리 둘은 아름다운 소리라며 감탄했다. 고개를 돌린 수잔이 내게 물었다.

"아샤, 한국 노래 알아?"

"당연히 알지. 내가 한국 사람인데 한국 노래를 모르겠어?"

"그럼 지금 불러줄 수 있어?"

"엥? 갑자기 왜?"

"듣고 싶어서. 그냥 갑자기 말이야."

"음… 좋아! 특별히 수잔을 위해 불러주지. 하지만 눈 감아줘. 날 보는 건 좀 쑥스러워."

나는 목청을 가다듬고 김동률의 〈시월의 어느 멋진 날에〉를 부르기 시작했다. 수잔은 가만히 눈을 감고 나의 목소리에 집중했다. 내 노래가 끝나자 수잔이 노래를 이어서 불렀다. 수잔의 노랫소리를 들으며 나도 눈을 살며시 감았다. 노래를 끝낸 수잔이 하늘을 보며 소리쳤다.

"아샤, 난 정말 행복해!"

나도 그녀를 따라 외쳤다.

"나도 행복해!"

"아샤, 난 지금 너무 행복해. 왜 그런 걸까? 왜 독일에서는 지금처럼 행복하지 못했을까? 독일은 모든 게 다 완벽해. 부족한 게 없었어. 모든 게 넘쳐날 뿐이지. 난 대학을 졸업하고 외국계 기업에 들어갔어. 그리고 열심히 일을 했지. 나는 매일 너무 바빴어. 입버릇처럼 바쁘다, 시간이 없다 말하며 하루하루를 쫓기듯 살았어. 끝도 없는 업무와 일에서 오는 긴장감과 스트레스는 날 지치게 했어. 하지만 일한 만큼 대가는 톡톡했어. 난 작은 집에서 더 큰 집으로 이사를 갔고 주말이면 차를 끌고 친구들과 근사한 식당을 다녔지. 유행하는 브랜드 옷들과 전자기기들을 구입했어. 내 주위로 채워진 풍요들이 날 행복하게 해준다고 믿었어. 월급도 계속 오르고 내 삶은 더 화려해지고 더 풍족해졌지. 난 물건을 살 때마다 행복했어. 하지만 그런 행복은 오래가지 않았어. 언제부터인지는 모르겠지만 나는 조금씩 우울해지고 예민해지고 심적으로 불안해지기 시작했어. 나보다 더 잘나가는 친구들을 보며 질투도 했지. 난 과거보다 더 많은 돈을 벌었고 또래 친구들보다 높은 직위를 가지고 있었지만 행복하지 않았어.

그러던 어느 날이었어. 같이 일하던 서른 살 남자직원이 심장마비로 즉사한 일이 있었어. 모든 직원들이 그를 안타까워했지. 사랑하는 아내와 돌배기 아이를 두고 그렇게 세상을 떠나 버린 거야. 사망 원인이 과로와 스트레스라고 알려지자 회사 분위기가 무거워졌지. 나 역시 그의 죽음을 받아들이기가 쉽지 않았어. 나와 그는 닮은 점이 상당히 많았거든. 일 중독자로 불리던 그는 나처럼 초고속 승진을 하며 주위의 부러움과 시샘을 한몸에 받았지. 그런 그에게서 난 종종 나를 보곤 했어. 그의 죽음은 나를 향한 사형 선고처럼 느껴졌어. 난 내 자신에게 물었어. 내일 죽는다면 마지막으로 뭘 하고 싶은지 말이야. 그리고 한참을 고민한 끝에 답을 찾았어. 그것은 여행이었지. 그래서 난 한 번도 가보지 못한 지구 반대편. 아시아로 눈을 돌렸어. 난 내가 가진 모든 걸 정리하고 기약 없는 여행을 시작했어. 그렇게 해서 지금 이곳에 있게 된 거야."

그녀의 얼굴에 옅은 미소가 번졌다. 수잔은 개인과 물질을 중요시하는 서양보다 사람, 전통, 문화를 보존하며 살아가는 아시아에서 편안함을 느낀다고 했다. 수잔은 파란 하늘을 올려다보며 말을 이었다.

"지난 일 년 동안 태국과 아시아 곳곳을 여행하며 똑같은 하늘 아래 전혀 다른 삶이 존재한다는 걸 내 눈으로 직접 보고 느꼈어. 제일 안타까웠던 건 길거리의 아이들이야. 태어남과 동시에 그들에겐 운명이라고 하기엔 너무나 가혹한 삶이 시작되지. 부모 없는 아이들, 폭행과 구타를 당하는 아이들, 강제

노동자로, 성매매로 팔려가는 아이들. 부모의 사랑과 보호 아래서 환한 웃음을 지어야 할 아이들이 정부의 무관심과 부모의 무책임으로 방치된 채 길거리를 배회해. 아까 봤지? 슈퍼마켓 앞에 있던 아이들 말이야. 여덟 살은 되었을까? 난 그 아이의 눈에서 두려움과 혼란을 보았어.

그 아이들과 가난한 자들을 보면서 독일에 있을 땐 느껴보지 못했던 타인을 향한 연민을 느꼈어. 내 친구도 내 가족도 아닌 다른 나라에서 처음 만나는 그들의 고달픈 삶을 도와줄 수 없어 가슴이 아팠지. 그들을 보며 내가 그동안 얼마나 많은 걸 가지고 살아왔는지 새삼 깨달았어. 그런데도 난 지금껏 불평만 하며 인생을 살았지."

"그건 나도 그래. 내가 가진 게 하나도 없다고 생각했거든. 부자 부모를 둔 친구들, 잘 나가는 친구들을 부러워하기만 했지. 하지만 이젠 알아. 한국에서 태어난 것만으로도 엄청난 행운이라는 걸 말이야. 여자로 태어났다는 이유로 교육에서 배제되고 직업도 갖지 못하고, 외출, 운전, 심지어 쇼핑 하나까지도 전부 통제당하는 여자들도 있으니까. 난 원하는 대로 생각하고 행동할 자유를 누릴 수 있는 내 삶에 감사해."

수잔은 내 말에 웃으며 고개를 끄덕였다.

"아샤는 가난이 뭐라고 생각해?"

"가진 것이 없는 거 아닐까. 먹을 것도 입을 것도 구하지 못하는 거 말이야."

"나도 여행하기 전까진 그렇게 알고 있었어. 그런데 어느날, 한 가지 놀라운 점을 발견했어. 네팔과 인도 사람들은 월급도 적고 풍족하지 않은데 자신보다 더 가난한 사람들, 길거리 동물들에게 음식을 나눠주고 신들에게 꽃을 바치고 기부를 하고 있었어. 그뿐만이 아냐. 힌두 사원을 가보면 줄지어 앉아 있는 거지들을 쉽게 볼 수 있어. 사원을 방문하는 이들은 집에서 가져온 쌀, 설탕, 밀가루 그리고 돈을 그들에게 나눠주지. 시크교 사원은 존재 자체만으로 아름다운 곳이야. 무료 급식소를 24시간 운영하는데 종교 상관없이 찾아오는 모든 이에게 음식을 무료로 제공해. 시크교 신자들이 돌아가면서 봉사를 한대. 그들은 나눔과 봉사를 몸소 실천하는 사람들이야. 그 모습들을 보면서 난 이기적인 내 자신을 돌아보았어. 난 바쁘다는 핑계로 가까운 사람들도 신경 쓰지 않았지. 모르는 사람에게 따뜻함을 베풀어본 적은 더더욱 없었어. 여행을 통해 내가 깨달은 가난은 '자신이 가진 걸 나누지 않고 베풀지 않는 것'을 뜻하는 거 같아. 이 나라 사람들은 독일의 환경과 비교했을 때 너무나도 열악해. 오염된 환경과 잦은 정전, 물 부족, 최저 생계도 유지하기 어려운 낮은 인건비 등 열악한 것투성이야. 그럼에도 의료와 교육, 사회 인프라와 같은 기본적인 도움도 기대할 수 없지. 그래도 이들은 우리 같은 이방인조차 환한 미소로 반기며 차 한 잔, 음식 한 접시 나누고 친절을 베풀어. 그들은 외적으로는 가난해 보이지만 물질적 풍요 속에서도 불행을 느끼는 우리보다 가끔은 훨씬 더 행복해 보여. 그들이 우리보다 가진 게 더 많은 거 같아. 행복은 끝 없는 욕심이 아니라 따뜻한 마음을 타인과 나눌 때 오는 게 아닐까?"

"난 매일 새로운 나를 만나고 있어. 매순간이 너무 행복해. 그리고 내가 가진 모든 것에 감사함을 느껴."

말을 이어가는 수잔의 얼굴은 반짝반짝 빛났다. 그녀의 얼굴을 비추는 햇살 때문인지, 행복이란 마법이 보여주는 눈부심 때문인지는 모르겠지만 행복은 때때로 뜻밖에 찾아온다.

설사와의
싸움

벌써 이틀째였다. 수잔과 나는 설사병으로 고생이 이만저만 아니었다. 인도에서 네팔까지 오는 장시간의 이동에서 우리가 먹은 거라곤 바나나 몇 개와 빵 몇 조각이 다였다. 지치고 허기진 상태에서 도착한 네팔의 타멜은 그야말로 음식 천국이었다. 우리는 창가에 진열된 색색깔의 먹음직스러운 음식에 눈이 뒤집혔다. 그동안 못 먹은 한을 풀겠다며 줄기차게 다양한 음식들을 먹다 보니 둘 다 천장만 쳐다보고 누워 있는 신세가 되었다.

여행 중 제일 서러울 때가 아플 때라고 하던데…. 그래도 천만다행으로 누군가와 함께 아플 수 있어 그나마 위로가 되었다. 나보다는 상태가 조금 더 나은 수잔이 밖에서 식사대용 바나나를 사왔다. 힘들게 목구멍으로 넘긴 바나나는 얼마 지나지 않아 다시 몸 밖으로 배출되었다. 화장실 가기 두려워 물도 안 먹는 내게 친절한 수잔이 물에 수분 보충제까지 타서 건넸다.

몸져누운 지 사흘째가 되던 날. 인고의 하루가 다시 시작되었다. 네팔까지 와서 이대로만 있을 수는 없다는 생각이 들어 밖으로 나가기로 맘먹었다. 간만에 식사를 시도해보려 5분 거리의 식당으로 조심스레 발걸음을 옮겼다.

오랜만에 음식을 먹으니 감개무량이었다. 하지만 뱃속에서는 금세 폭풍이 몰아치기 시작했다. 역시나 얼마 못 가 나는 식당 화장실로 줄행랑을 쳤다. 온몸에서 기운이 빠져나가는 느낌이었다. 그때 갑자기 오기가 생겼다. 도대체 무슨 심보였는지, 어디 한번 누가 이기나 보자라는 생각이 들었다.

난 주인아저씨에게 말했다.

"여기 만두 하나 더 주세요!"

수잔이 걱정스러운 눈으로 날 바라보며 말했다.

"진짜 먹을 수 있겠어? 그냥 숙소로 돌아가는 게 어때?"

"아니! 나 속상해. 네팔에서 먹고 싶었던 게 얼마나 많았는데. 오기 전에 리스트까지 작성했다고! 난 내일 죽는 한이 있어도 오늘 먹고 싶은 거 다 먹겠어."

"아샤를 누가 말려."

수잔이 고개를 저으며 웃었다.

순식간에 만두를 먹어치우고 슈퍼마켓에서 과자와 초콜릿을 잔뜩 사서 또 먹었다. 독일식 빵집에서 이것저것 닥치는 대로 골라 먹기도 했다. 그동안 못 먹어서 한이 맺힌 게 분명했다. 가게를 나가기 전에 계산을 하려고 하는데 갑자기 신호가왔다. 후들거리는 다리를 붙들고 빵집 화장실로 향했다. 결국많이 먹은 죗값을 톡톡히 치러야 했다. 이러다 화장실이 폭발해버리는 게 아닐까 상상했을 정도로 화장실 안의 상황은 급박했다. 문을 열고 나오자 사람들이 순간 다 나를 쳐다봤다. 나는 민망함에 고개를 들 수도 없어서 얼른 수잔 손을 이끌고 도망치듯 그곳을 빠져나왔다. 이후로 숙소에서도 상황은 크게나아지지 않았다. '누가 날 좀 살려줘. 더 이상 여행을 망치고싶지 않아.' 아무리 소리쳐도 소용없었다. 결국 그다음 날 나는병원을 가려고 숙소 주인에게 가까운 병원이 어디냐고 물었다. 그러나 마침 공휴일이라 병원이 모두 쉰다는 것이었다. 한국에서 가져온 약을 먹었는데도 도통 나아지질 않는다고 했더니, 주인아저씨가 이곳 현지 약을 먹어야 한다고 일러주었다.

"저쪽으로 가면 약국이 있어. 거기서 약을 사 먹어봐."

아저씨가 가르쳐준 약국의 위치는 다행히 숙소 근처였다. 좀비처럼 축 늘어진 몸을 이끌고 몇 분을 걸어 겨우 약국에 도착했다. 설사약을 달라고 했더니 약사는 알약 한 개를 주었다. 언제 먹는지, 어떻게 먹는지도 말해주지 않고 약사는 그저 나를 멀뚱멀뚱 쳐다보았다. 내가 천천히 영어로 물어보자, 약사는 네팔 말로만 대답할 뿐이었다. 내가 계속 답답한 표정으로 서 있자 할 수 없다는 듯 약사는 종이에 해와 달 모양을 그리고 하루에 두 번 식사 후에 먹으라고 겨우겨우 알려주었다. 나는 뭔가 찝찝한 기분으로 돌아서면서 약을 찬찬히 들여다보았다. 어디에도 설사약이란 말이 적혀 있지 않았다. 그렇지만 어쩌겠어… 믿어야지.

그날 저녁, 나는 탈탈탈 돌아가는 팬 아래서 축 쳐진 채 누워만 있었다. 누워만 있자니 영 지루해서 좀이 쑤셨다. 온종일 굶은 나를 위해 먹을 것 좀 사오겠다고 나간 수잔은 몇 시간째 감감 무소식이었다.

똑똑. 방문 두드리는 소리가 들려 문을 열었다. 수잔이었다. 그녀의 손에는 파란 프리지어 꽃다발이 들려 있었다. 나를 위한 선물인가 보다 생각하며 꽃을 받으려는 순간 그녀는 나를 휙 지나쳤다. 그리고는 천연덕스럽게 테이블 위를 정리하고 컵에 반쯤 물을 채우고 꽃을 넣었다. 나는 영문도 모른 채 그녀를 바라보았다. 이번엔 가방에서 주섬주섬 무언가를 꺼냈다.

"수잔, 이것들은 다 뭐야?"

어리둥절한 내가 물었다. 수잔이 가방 안에서 꺼낸 건 힌두 신의 사진과 작은 석상이었다. 테이블은 순식간에 작은 힌두 사원으로 탈바꿈했다. 사진 속의 시바 신은 인자한 미소를 짓고 있었다.

"아샤, 지금 우리에겐 신이 필요해. 우리 둘 다 네팔에 온 이후로 몸이 계속 나빠지고 있잖아. 우리가 힌두교 나라에 왔으니 이 나라 신께 부탁해보자. 우리를 보살펴주실 지도 몰라."

생각지도 못한 수잔의 엉뚱한 행동에 웃음이 나왔다. 하지만 나름 수잔다운 재치 있는 아이디어였다. 수잔은 정말 진지한 표정으로 향을 피워 힌두 신께 기도를 올렸다.

다음날에는 눈이 저절로 떠졌다. 뱃속은 오랜만에 평온을 되찾았다.

"굿모닝."

수잔이 활짝 미소를 지으며 먼저 인사를 건넸다.

"아샤, 기분이 어때?"

"응. 믿기지 않을 만큼 좋아. 수잔은?"

"나도 놀라울 정도로 기분이 좋아. 나의 기도가 효과가 있나 봐. 이참에 힌두교로 들어가버릴까?"

우리는 기분 좋게 웃으며 아침을 맞이했다. 약을 먹어서 그런가, 아니면 정말 신이 소원을 들어주시기라고 한 것일까? 정확히는 알 수 없으나, 어쨌든 분명히 둘 중의 하나는 효험이 있는 게 분명했다.

네팔 소재 인도 대사관에서 나는 두 번째 인도 비자를 신청했다. 6개월짜리 인도 관광비자가 만료되었기 때문이었다. 비자 신청 일주일 뒤에 대사관에서 여권을 돌려받았다. 떨리는 마음으로 확인하니 '인도 관광 비자 4개월'이라는 새 스티커가 붙어 있었다. 나의 새로운 탐험이 허락된 것이다.

다음 목적지는 여름에만 갈 수 있다는 지상 마지막 낙원, 인도 북부 라다크였다. 네팔에 더 머물 예정인 수잔과 나는 눈물로 아쉬운 이별을 나누었다. 다시 버스에 몸을 싣고, 인도로 떠났다. 새로운 여정이 날 기다리고 있다는 생각에 가슴이 뛰었다.

보이지 않는
사랑

　한차례 굵은 소나기가 지나가고 초록 나뭇잎 위로 빗방울
이 떨어졌다. 나는 풀 내음이 진동하는 명상센터 앞 작은 야외
카페에 앉아 비온 뒤의 싱그러움을 마음껏 즐기고 있다. 내 옆
테이블에는 한 동양 여자가 앉아 있었다. 그녀는 갈색의 펑퍼
짐한 알라딘 바지를 입고, 베이지색 인도식 까미즈(무릎까지
내려오는 상의)를 걸쳤다. 살짝 그을린 피부와 옷차림에서 장기
여행자의 분위기가 물씬 풍겼다. 얼굴만 보면 분명 한국인인
데 멍하니 앞산만 바라보고 있어서 쉽게 다가갈 수가 없었다.
어디서 왔냐고 한 마디만 묻고 싶었는데 차마 물을 수가 없었
다. 우리는 일주일 동안 같은 명상 수업을 들으면서 자주 마주

쳤다. 그러나 그때마다 눈인사만 주고받았다. 먼저 말을 건넨 건 역시나 호기심 많은 나였다.

"한국분이시죠?"

내가 한국어로 물었다. 그러나 그 동양 여자는 싱긋 웃으며 내게 악수를 청했다. 그리고는 영어로 자신을 소개했다.

"나는 줄리아. 당신은 이름이 뭐예요?"

"난 아샤. 당신은 어디서 왔어요?"

나도 영어로 다시 물었다.

"아마 미국, 아니면 한국, 아니면 존재하지 않는 어떤 곳?"

국적 하나 물어봤을 뿐인데 이렇게 알쏭달쏭하게 대답을 듣기는 또 처음이었다. 나의 당황한 기색을 읽었는지 그녀는 짜이 한 모금 들이키고는 자신의 이야기를 시작했다.

그녀는 두 살에 한국에서 미국으로 입양되었다. 양부모는 줄리아에게 늘 '너는 우리와 똑같은 존재'라고 말해주었다고 한다. 어린 줄리아는 양부모처럼 자신도 하얀 피부에 파란 눈, 큰 코를 가진 똑같은 존재라고 믿고 싶었을 것이다. 하지만 그 것은 상상과 바람일 뿐. 거울 앞에 설 때마다 그녀의 바람은 산산조각이 나고 말았다. 그럼에도 새 가족들은 그녀를 사랑으로 키워줬고 그녀는 그 사실에 늘 감사해했다. 하지만 문제는 중학교 때부터 시작되었다. 백인들 사이에서 그녀는 인종차별과 왕따를 당했다. 또래 친구들의 언어폭력은 그녀에게 평생 씻을 수 없는 상처로 남았다. 그 순간을 생각하면 아직도 눈물이 난다며 그녀는 글썽였다.

난 애써 담담한 표정으로 줄리아를 쳐다보았다. 그녀의 목소리는 차분했지만 마음 속 깊은 곳에서 묻어나오는 슬픔이 느껴졌다. 너무 깊은 곳에 묻어두어서 알아차리기 어려운 그런 슬픔. 그녀는 계속 말을 이었다.

"난 내 존재에 대해 알고 싶었어요. 그래서 한국행을 결심했지요. 한국에서 영어를 가르치며 내 존재의 뿌리를 찾고 싶었어요. 하지만 그곳은 내가 모르는 새로운 세상이었어요. 음식, 문화, 행동, 모든 게 나와는 너무도 달랐죠. 난 분명 한국인 얼굴을 가졌지만 그들의 눈엔 한국인처럼 보이는 외국인일 뿐이었어요. 그들과 융합될 수 없는 외국인이었던 거예요. 미국에서도 난 이방인이었는데, 한국에서도 마찬가지였지요. 정체성이 없었죠. 한국에서 돌아온 뒤 내겐 엄청난 혼란이 왔어요. 상처는 치유되지 못하고 오히려 더 깊은 골을 만들었어요. 난 내 양부모님들이 상처를 받을까 봐 내 괴로움을 양부모님과 나누지 않았어요. 그들도 내 고통을 이해하지 못할 거라 생각했어요. 우린 가족이지만 너무 달랐으니까. 내 외로움과 고통은 양부모님과 나 사이에 건너지 못할 다리를 만들었어요."

줄리아는 먼 곳을 응시했다. 과거를 회상하는 듯 침묵에 잠겼다. 난 그녀의 손을 잡으며 물었다.

"지금은 기분이 어때요?"

"더할 나위 없이 편안해요."

그녀가 입 꼬리를 살짝 올리며 말했다.

"이곳, 명상센터에서 많은 위로를 받았어요. 이곳엔 나보다 더 큰 고통을 받는 사람들이 많거든요. 고아, 미망인, 자식을 잃은 사람, 사고로 신체 일부를 잃은 사람… 삶이 고통으로만 이루어져 있다고 믿었던 나는 여기서 많은 사람들을 만나면서 너무 놀랐어요. 나보다 더 힘든 상황에 있는 그들이 날 위로해주었거든요. 그들의 고통에 비하면 나의 고통은 아무것도 아닌데… 난 그들에게 미안하고 고마운 마음이 들었어요. 명상을 통해서 깨달음도 얻었죠. 고통의 원인은 전부 내 안에서 비롯된다는 것을. 나는 인도에서 새로 태어난 것 같아요. 이제 고통스러운 삶을 끊고 남에게 봉사하는 따뜻한 사람이 되고 싶어요."

그녀가 수줍은 듯이 미소를 지었다. 일주일 만에 처음 보는 웃음이었다.

"난 줄리아가 많이 웃고 행복했으면 좋겠어요. 우리 명상 선생님이 웃음은 전염성이 강하대요. 행복도 마찬가지고요. 많이 웃다 보면 행복해진대요. 줄리아, 어제 자도 림포체(티벳 자도의 6대 환생자) 설법 들었어요?"

"못 들었어요. 어땠어요?"

"설법은 항상 그렇듯이 좋았어요. 어제 들은 인상 깊었던 말씀 하나를 줄리아에게 전해주고 싶어요."

줄리아가 호기심 가득한 눈으로 날 바라보았다.

"'화를 다스리는 법'에 대한 설법이 끝나고 질문 시간에 한 남자가 손을 번쩍 들더니 합장을 하고 림포체에게 인사를 올렸어요. 순간 모든 사람들의 시선이 그에게 집중되었죠. 지저분하게 헝클어진 흰머리에 삐쩍 마른 중년의 백인 남자였어요. 파랑색의 망토를 걸치고 목에는 가슴까지 오는 굵은 염주를 걸고 있었는데 평범해 보이진 않더라고요. 인사를 마친 그가 곧 말을 시작했지요. 그는 평생 부모님을 원망하며 살았다고 해요. 아버지는 알코올 중독자였고 어머니는 정신지체였대요. 그는 부모가 자신에게 준 건 오직 고통과 증오뿐이라고 생각했어요. 부모 때문에 자기는 교육도 제대로 못 받고, 돈도 없이 평생 가난하게 살았다고 생각한 거죠. 남들처럼 화목한 가정에서 행복하게 살지 못했다는 원망이 가득했던 거예요. 아마 자기가 제대로 된 부모를 만났더라면 순탄한 인생을 살았을 거라는 생각이 그를 괴롭힌 거죠. 그리고 그 남자는 이렇게 말했어요.

"난 나를 낳아 가난이라는 고통에 노출시킨 부모가 싫습니다. 사랑을 주는 법도 모르는 무능력한 부모가 무책임하게 날 방치한 것도 싫습니다. 그들 때문에 난 행복하지 못했어요. 난 그들을 증오합니다. 이 증오심을 내려놓을 방법이 있을까요?"

그는 정말 두 손을 부르르 떨면서 물었어요. 그러자 가만히 듣고 있던 림포체가 그에게 이름이 뭐냐고 묻는 거예요. 그가 피터라고 답하자 림포체는 그에게 다시 물었어요. 피터, 당신은 두 눈을 가지고 있나요? 멀쩡하게 잘 들리는 두 귀가 있나요? 두 다리는 튼튼한가요? 라고. 그러자 피터는 짧게 네, 라고 답했어요. 림포체는 거기에 바로 부모님의 사랑이 있다고 말하더라고요. 당신의 어머니는 당신을 품은 10개월 동안 사랑과 애정을 쏟아 당신을 낳았고, 당신이 스스로 혼자 걸을 수 있을 때까지 모든 추위와 배고픔, 온갖 위험으로부터 당신을 지켜냈다고요. 나쁜 병균 혹은 뜨거운 물이나 돌진하는 차량

같은 수많은 위험을 갓난아기 혼자의 힘으로 다 피할 수 있는 건 아니라고요. 당신의 부족한 부모님은 잘난 남들의 부모보다 더 힘겹게, 온 힘을 다해 당신을 지키기 위해 애썼을 거라고요. 설령 그 방법이나 결과가 좋지 못했다 하더라도 당신을 죽게 놔두지 않고 기어코 살려낸 그분들의 노력에 감사하라고요. 그 덕분에 지금 피터가 여기 인도까지 와 있는 것이라고요. 그러자 피터는 그 자리에 서서 눈물을 흘리기 시작했어요."

내 이야기를 듣던 줄리아도 얼굴이 벌게졌다. 난 내 의견을 한마디 덧붙여 말했다.

"그때 난 내가 기억하는 것들이 전부가 아니라는 사실을 알게 되었어요. 내 기억 속에는 없지만, 부모님의 사랑 덕분에 내가 지금 여기 존재하고 있는 거잖아요. 내 눈에 보이지 않고 내가 기억하지 못할 뿐. 그래서 문득 부모님이 보고 싶어졌어요. 설법이 끝난 뒤 어머니께 바로 전화를 드렸죠. 건강히 키워주셔서 감사하다고요."

"아샤… 나…"

줄리아가 갑자기 울컥하며 흐느끼기 시작했다.

"나…. 사실 양부모님을 많이 사랑해요. 근데 사랑한다는 말을 그동안 한 번도 제대로 하지 못했어요."

"지금이라도 늦지 않았어요, 줄리아."

난 줄리아를 꼭 안아주었다. 그녀의 등은 매우 부드럽고 따뜻했다.

운명

덜그렁, 덜그렁 탈탈탈.

버스가 힘겨워하는 것이 느껴졌다. 그도 그럴 것이 버스 안은 통로까지 사람들로 빼곡하고, 지붕 위는 겹겹이 쌓아올린 짐들로 가득 찼다. 명백한 정원 초과다. 바퀴가 굴러가는 게 신기할 정도였다.

나는 인도와 티베트 · 파키스탄 국경에 위치한 라다크 고산마을 '레Leh'를 향해 가는 중이었다. 스무 시간은 족히 가야 하는데 이 속도라면 제 시간 안에 도착할지도 의문이었다. 만원인 버스 안은 짐을 가득 들고 탄 현지인들로 꽉 차 있었고, 간혹 외국인들도 눈에 띄었다.

버스가 위태위태하게 경사로를 미끄럼 타듯 지날 때, 나도 모르게 온몸에 힘을 바짝 주었다. 그러나 공포로 잔뜩 경직된 나와 달리 앞에 앉은 커플의 얼굴에는 여유가 넘쳤다. 실핏줄도 다 드러나 보일 만큼 창백한 얼굴의 백인 여자는 도가 튼 것 같았다. 자신이 처한 위험한 상황은 태연히 무시한 채 무표정한 얼굴로 창밖을 바라보고 있었다. 잘생긴 얼굴에 장발인 동양 남자는 고개를 양옆으로 흔들거리며 잠에 빠져 있었다.

느릿느릿 달리는 버스가 모래바람을 날렸다. 해발 3,500미터가 넘는 레까지 꼬불꼬불 휘어지는 길을 만들어놓았는데 대부분이 흙먼지 폴폴 날리는 비포장도로였다. 버스가 비포장도로를 지나느라 먼지가 강하게 일면 약속이라도 한 듯 창가에 앉은 승객들은 일제히 창문을 닫았다. 그리고 그 희뿌연 모래소굴을 무사히 통과하고 나면 다 같이 재빠르게 창문을 열었다. 그래서 창가에 앉은 사람들은 괜히 분주했다. 하지만 간혹 졸다가 그 타이밍을 놓쳐 버스 안이 모래바람으로 뒤덮이게 만드는 사람도 있었다. 그럼 너 나 할 것 없이 다들 그 사람을 노려보았다. 뭐, 사람들이 그러든지 말든지 자는 이는 콧방귀도 안 뀌지만 말이다. 시속 30~40킬로미터로 달리는 이 버스를 보면 누구나 조금 더 빨리 달리면 좋겠다는 생각을 하겠지만, 길 사이사이 무참히 깡통처럼 찌그러져 있는 차들을 보고 나면 더욱 천천히 가는 것이 낫겠다는 생각이 들 것이다.

낭떠러지가 바로 옆이고 오로지 큰 덤프트럭 하나만 지나갈 수 있는 좁은 길을 낡은 버스로 아슬아슬 가는 것은 죽음의 곡예나 다름없다. 위태위태한 길을 보는 것만으로도 심장이 쪼그라들어, 차라리 눈을 감는 게 낫다.

산허리를 따라 달리는 버스를 강렬한 바람이 계속 밀어냈다. 그 바람이 어찌나 센지 버스가 휘청거렸다. 여기는 너희가 올 곳이 아니라며 날카롭게 소리 지르는 것만 같았다. 짓궂게 모래까지 던져대며 말이다.

스무 시간 동안 버스 안은 명상 분위기였다. 삐걱삐걱 힘겹게 숨을 토해내며 달리는 버스와 바람의 강렬한 위협 소리만이 정적을 깨트렸다. 가끔씩 창밖 풍경을 사진기에 담는 여행객들의 탄성소리도 간간히 섞였다. 풍경에 시선을 빼앗겨 꼼짝 않고 창밖을 바라보다 보면 훌쩍 몇 시간이 지나있곤 했다. 이렇게 한참씩 고개를 돌리고 밖을 쳐다보면 종종 목 경련이 일어날 정도였다. 판자처럼 딱딱하고 직각으로 각 잡힌 의자 위에 앉아 덜컹거리면서 스무 시간을 달리면 엉덩이 굴곡이 사라지는 느낌을 받곤 한다. 버스 의자의 등받이를 뒤로 젖히는 기능은 있으나마나였다. 자리는 비좁아서 옆 사람과 최대한 밀착해야 했고, 버스가 코너를 돌 때면 몸에 힘을 잔뜩 주고 버텨야만 버스 통로로 내동댕이쳐지는 걸 피할 수 있었다.

그런데 인도 오지 장거리 여행에서 이보다 더 곤혹스러운 건 바로 화장실이었다. 특히 이렇게 벌거벗은 산과 허허벌판에 풀 한 포기 없는 황량한 대지에선 더욱 그렇다. 언제, 어디서, 얼마나 멈춰서 대기를 할지 알 수 없는 인도 버스에서는 운전기사의 말 한 마디가 화장실 가는 시간을 결정했다.

"바뜨룸 타임(화장실 갈 시간)"

버스가 멈추자 남자들은 서둘러 내렸고 여자들도 천천히 일어나 버스 밖으로 나갔다.

'오늘도 편히 일 보긴 글렀군.'

창밖을 보며 내가 중얼거렸다. 풀 한 포기 없는, 아니 아무것도 없는 휑한 벌판이었다. 내 몸을 가려줄 최소한의 가림막이라도 있어야 했다. 나는 재빨리 침낭을 들고 내릴 채비를 했다. 생초짜 티내는 여행객 몇 명이 운전기사에게 물었다.

"화장실이 어디 있어요?"

"오픈 바뜨룸(눈에 보이는 모든 곳)."

기가 막힌다는 표정으로 혀를 차는 그들을 뒤로 하고 나는 먼저 내렸다. 버스 밖엔 이미 볼일을 다 본 듯한 현지인들이 쭈그려 앉아 담배를 피우고 있었다.

"휴우!"

나는 한숨을 한 번 길게 쉬었다. 이런 곳에선 아무리 멀리 가도 결국은 내 허연 엉덩이가 보일 것이다. 인도 여성의 상의가 왜 무릎까지 내려올 정도로 긴지 감이 팍팍 온다. 어디로 갈지 고개를 두리번거리는 내 앞에 무덤덤한 얼굴의 백인 여자가 서 있었다.

"어디로 갈 건가요?"

내가 먼저 물었다.

"가까운 데로 가야죠. 같이 갈까요?"

나는 고개를 끄덕이며 그녀와 도로 한 귀퉁이로 걸어갔다. 성큼성큼 걷는 우리 뒤로 다른 외국 여자 몇몇도 따라왔다. 적당한 자리를 찾고 버스 쪽을 한 번 봤다. 우리가 타고 온 낡은 버스와 버스 바깥에 서 있던 사람들이 눈에 들어왔다. 그들은 재미난 구경거리라도 난 듯 우리를 주시하고 있었다. 나는 다시 고개를 돌렸다. 들고 왔던 침낭을 양손에 잡고 길게 펼쳤다.

"이렇게 하면 엉덩이는 안 보일 거예요."

여자에게 먼저 양보하고 그 후 내가 볼일을 봤다. 다른 외국 여자들도 본인들이 가져온 모포를 펼쳐 성급히 일을 보았다.

빵빠앙! 갑자기 울리는 버스 경적에 주섬주섬 바지를 올리고 버스 쪽으로 뛰어갔다.

"여자한테는 시간이 더 필요하다는 걸 저 운전기사는 평생 모를 거예요."

내가 그녀에게 볼멘소리로 말했다. 그녀가 내게 살짝 미소를 지어 보였다.

덜덜덜 다시 버스가 길을 나섰다. 같이 오픈 화장실을 이용한 계기로 그녀와의 대화가 시작되었다. 이름은 일르나, 러시아에서 왔단다. 티베트 남자친구와 여행 중인 그녀. 라다크는 세 번째 방문이라 했다. 초행인 내게 그녀는 자기와 같은 숙소에 머무는 게 어떠냐며 반가운 제안을 했다.

버스가 해발 5,000미터 고개로 진입하자 덜컹거리는 창문 틈새로 매서운 바람이 들어왔다. 머리끝부터 발끝까지 느껴지는 한기에 몸을 잔뜩 움츠렸다. 이럴 줄 알고 양말을 두 겹 신었는데도 여전히 발가락이 시렸다. 가방 옆구리에서 비장의 카드인 털양말을 하나 더 꺼냈다. 보릿자루처럼 지퍼를 올린 침낭 안에 들어가니 미라나 다름없었다. 40도 넘는 열병에 시달리는 델리의 무더위를 생각하면 북쪽의 추위가 낯설었다. 새삼 인도 땅이 크게 느껴졌다.

　밤 열 시. 드디어 목적지인 라다크의 주도 '레'에 도착했다. 깜깜해서 아무것도 보이지 않았다. 이런 날 달님은 대체 어딜 가신 거람. 티베트 남자가 버스 위로 올라가 자신들의 짐과 내 짐까지 친절하게 내려주었다. 짝 있는 여자 여행자가 몹시 부러운 순간이었다.

　우리는 다 같이 택시를 타고 이동했다. 창밖으로 보이는 건 하늘 높이 솟은 느티나무들과 귀여운 당나귀 무리들. 차도 인적도 별로 없고 거리는 문 닫은 상점들로 조용했다. 우리가 도착한 여행자들의 거리 창스파 지역도 마찬가지였다. 거리가 너무 어둡고 조용해 손전등에 의지해 골목을 걸어 숙소를 찾아갔다. 숙소에 불빛이 하나도 없어 문을 닫은 게 아닌가 걱정했는데 정전이라고 했다. 내일 보자며 커플은 방으로 들어갔고 나도 촛불을 들고 방에 안착했다. 큼지막한 창문을 열었다. 바람에 흔들리는 느티나무들이 보였다. 높은 빌딩이나 큰 건물은 존재하지 않는 건지 당최 보이질 않았다. 깜깜한 밤하늘 위로 펼쳐진 별들은 손에 잡힐 듯이 가까이에서 빛났다. 정전 때문에 오히려 더 선명한 별들의 향연과 신비롭게 수놓은 은

하수를 만날 수 있었다. 정전조차 감사한 밤이었다. 내 생애 가장 눈부셨던 날의 밤.

어느 기분 좋은 오후. 우리는 14세기 스톡궁전 성벽에 위치한 야외 카페에 앉았다. 눈앞에 메마른 히말라야 봉우리들이 파노라마처럼 펼쳐져 있었다. 궁에서 내려다보이는 마을들은 아기자기했다. 푸르른 녹음을 품은 초록색 대지와 곳곳에 노란 물결로 피어나는 유채꽃들이 동화 속 한 장면 같았다. 술을 마시지 않아도 풍경에 절로 취할 것만 같았다. 앞으로는 수려한 그림이, 뒤로는 신비로운 라다크의 궁전이 서 있으니 어찌 사랑에 빠지지 않을 수 있을까.

일르나와 나는 기분 좋은 오후에 열성적인 수다쟁이가 되어 시간 가는 줄 모르고 있었다. 만난 지 며칠 되지도 않았는데 우리는 오랫동안 함께 했던 옛 친구처럼 서로의 깊은 속 이야기까지 나누기 시작했다. 공간과 배경, 종교, 우주, 인간의 삶, 우리의 주제는 끝도 없이 확장되었고 시간이 너무나 빨리 흘러 그녀와 함께라면 일주일, 일 년을 함께 보내도 부족하겠다는 생각까지 들었다.

일르나는 6년 차 인도 가이드였다. 러시아인, 독일인, 카자

흐스탄인, 미국인들이 그녀의 고객이었다. 6개 국어를 유창하게 구사하는 그녀는 스무 살 때 인도 힌디어 교환학생으로 인도에 온 후 새로운 삶을 시작하게 되었다고 했다. 인도와 사랑에 빠진 그녀는 손님들에게 인도 전역과 네팔 히말라야를 보여주며 그들의 행복여행에 동행하는 즐거움으로 산다고 했다. 취미로 점성술도 하는 그녀가 진지하게 내 눈을 보며 말했다.

"난 너에게서 내 자신을 보았어. 인도를 처음 만났던 때의 나. 넌 그때의 나와 똑 닮았어. 모든 게 오버랩되면서 과거를 회상하게 되었지. 우리가 비록 길에서 만난 인연이지만 이렇게 서로 다른 인생 이야기와 생각을 나눈다는 건 참으로 멋진 거 같아. 난 궁금해. 아샤가 앞으로 어떤 인생을 살게 될지. 하고 싶은 게 뭔지 찾고 있다고 했지? 내가 보기엔 너에게 '여행 가이드'란 직업이 잘 어울릴 거 같아. 친화력 좋고 재치 있게 이야기 잘하는 아샤는 멋진 가이드가 되리라 믿어."

일르나와 대화하는 내내 그녀의 삶이 멋지다는 생각을 했었고 나도 그녀처럼 될 수 있을까 하는 동경의 감정이 일기도 했다. 창업 연구원을 그만두고 떠난 여행. 처음부터 이 여행은 내가 원하는 삶이 뭔지에 대한 고민에서 시작된 여행이었다. 가만히 뒤돌아보니 어쩌면 여행 내내 누군가가 그 해답의 표식을 곳곳에 숨겨놓은 것 같다는 느낌이 들었다. 난 헨젤과 그레텔처럼 떨어진 표식들을 따라가며 이곳까지 왔고 결국 일르나를 만난 것이다.

"신이 당신을 내게로 보낸 게 틀림없어. 난 가이드란 직업은 생각도 해보지 못했는데, 왠지 잘할 수 있을 거 같아."

"응, 아샤. 무언가를 간절히 원하면 반드시 이루어지게 되어 있어. 정말로 가이드가 되면 내게 한턱 쏘는 거 잊지 마."

일르나는 환한 미소를 지으며 날 응원하겠다고 했다.

여행 8개월째. 처음으로 하고 싶은 것이 생긴, 기분 좋은 어느 오후였다.

… 보물이 있는 곳에 도달하려면 표지를 따라가야 한다네. 신께서는 우리 인간들 각자가 따라가야 하는 길을 적어주셨다네. 자네는 신이 적어주신 길을 읽기만 하면 되는 거야 ….

-파엘로 코엘료의 『연금술사』 중에서

인도 불시착

당신이
가진 것

점심 때가 되면 내 발길은 자연스레 돌핀 레스토랑으로 향했다. 시끄러운 중심가를 지나 조용한 골목길에 들어섰다. 큰 나무 그늘 아래 한적한 여유로움이 묻어 있는 기분 좋은 나의 아지트. 망설임 없이 냇가 쪽을 향해 앉았다. 이곳에 앉으면 타는 듯한 더위도, 지저분한 잡념도 흘러가는 물소리와 함께 사라졌다.

"헤이! 아샤."

"헬로~ 마헨드라! 좋아 보이네."

"신나는 일이 있긴 하지. 오늘도 같은 걸로 주면 될까?"

"응, 꿀 생강차도 진하게 부탁해."

라다크에 온 뒤로 시간이 멈춘 것만 같았다. 무얼 봐야 한다든지, 해야 한다든지, 누굴 만나야 한다든지 하는 계획 없이 그저 자연스럽게 하루가 흘러갔다. 아침에 눈을 뜨면 제일 먼저 마주하는 눈 덮인 히말라야 산맥, 큼지막한 창으로 들어오는 기분 좋은 햇살, 파란 하늘, 새하얀 구름들이 오순도순 사이좋게 떠다니는 모습을 그저 느긋하게 바라보기만 하면 됐다. 레에선 이런 청명하고 기분 좋은 하늘을 매일 볼 수 있었다. 비만 내리는 우기도 찡그리는 검은 구름도 이곳에선 존재하지 않는 단어가 되어버렸다. '하늘이 정말 예뻐!' 이런 말을 매일같이 할 수 있는 곳. 자연의 아름다움에 매일매일 찬사를 보내게 되는 곳. 나는 인도의 레에 있었다.

"아샤님, 주문한 음식이 나왔습니다."

"하하. 그 말투 뭐야?"

"나 요즘 하루하루가 신나. 아주 재미있는 친구를 만나서."

"누군데?"

마헨드라가 친구라고 말을 하면 십중팔구 새로운 여행자의 등장을 의미했다.

"그는 정말 특별한 친구야. 태어나서 이렇게 감동적인 사람은 처음이야!"

마헨드라는 얘기하는 내내 기쁨과 흥분을 주체하지 못했다. 마헨드라의 그런 모습은 처음이었다.

"그는 말이야, 실크처럼 부드러운 긴 머릿결을 가졌어. 어찌나 찰랑거리는지 누구라도 만지고 싶게 하는 매력을 지녔지. 그의 눈은 두 가지 색으로 이루어져 있어. 파란색과 갈색. 스물네 살 때부터 세계일주 중인데 길 위에 선 지 벌써 4년째라고해. 아시아를 지나 인도에서 육로로 중동, 유럽까지 간다고 하더라고. 그는 작은 체구를 가졌지만 강인함이 느껴지는 사람이고 얼굴에는 자비와 기쁨이 넘쳐. 이렇게 아름다운 사람은 처음 봐!"

갓 결혼한 마헨드라를 이렇게 흔들어놓는 남자라니! 사랑에 빠지기라도 한 듯 새로운 여행자 친구 이야기를 계속하는 그에게 내가 물었다.

"근데 그 친구의 눈 색깔은 왜 두 가지색이야? 렌즈 낀 거야?

"신기하지? 나도 궁금해서 똑같이 그에게 질문했어. 그랬더니 그가 두 손으로 하늘을 가리킨 후 자신의 눈에 갖다 대는 거야. 꼭 '하늘이 제게 두 눈을 선물로 주었지요'라고 말하려는 듯이 말이야."

마헨드라가 신나서 말을 이었다.

"세상 사람들은 그걸 오드아이(이색 홍채Heterochromia iridium)라고 부르지."

"들어보기만 했는데 실제로 그런 사람이 있구나. 근데 어느 나라 사람이야?"

"일본 사람."

"이름이 뭐야?"

"그의 이름은 노리야. 그는 언어의 천재야. 20개국의 언어를 알아."

"에? 뭐라고? 20개 언어?"

"응, 정확히 말하자면 수화 말이야. 새로운 나라를 갈 때마다 그곳의 수화를 배운대. 각 나라마다 다른 언어가 있듯이 수화도 나라마다 다 틀리대."

"그 남자 왜 수화를 배워?"

"응, 그가 청각장애인이기 때문이야."

"에? 그런데 4년째 세계일주를 하고 있다고? 그럼 둘이 어떻게 대화한 거야?"

"하하. 그는 영어를 상당히 잘하거든, 매일 네 시간씩 전자

사전으로 영어를 공부한대. 그는 심지어 스페인어도 할 줄 알아. 우리는 주로 펜을 이용해 대화를 해. 그 친구와 대화를 시작하면 식당 냅킨이 남아나질 않는다니까."

"이럴 수가. 멋지다, 그 사람. 나도 만나보고 싶어!"

"그는 어제 판공초로 떠났어. 이틀 뒤에 다시 온댔으니까 아샤도 그날 아침에 와. 그는 항상 우리 가게에 아침을 먹으러 오거든."

마헨드라와 이야기하느라 주문한 계란 커리가 식은 줄도 몰랐다. 하지만 대화를 끝낸 뒤, 그가 왜 그리 신났는지 알 것 같았다. 나도 그를 만나볼 생각에 벌써부터 설레기 시작했으니 말이다.

이틀 뒤 아침이 밝았다. 새가 지저귀는 소리를 듣고 일어나 잔뜩 부푼 마음을 가까스로 진정시키며 돌핀 식당으로 갔다. 정말 그가 있을까? 뭐부터 물어보지? 여러 생각이 머리를 스쳤다. 골목길에 들어서니 식당이 눈에 들어오고 평화로운 아침 햇살 아래 머리 긴 남자애가 홀로 앉아 있는 게 보였다. 책상 위에 놓인 전자사전을 힐끗힐끗 보며 뭔가를 적고 있었다. 난 그의 앞에 서서 손을 흔들어 인사를 했다. 날 쳐다보는 그의 동그란 눈. 정말 양쪽 눈의 색깔이 틀렸다. 신기했다. 내가 함께 앉아도 되냐는 제스처를 하자, 그가 고개를 끄덕거렸다. 난 냅킨을 한 장 꺼내 내 소개를 적기 시작했다.

– 안녕. 난 아샤라고 해. 한국에서 왔어. 네가 노리지? 마헨 드라한테 이야기 들었어. 만나서 반가워.

노리가 환한 웃음을 지으며 냅킨에 답변을 달았다.

– 만나서 반가워. 여행 중이니?

우리는 아침 식사를 같이 하면서 여행 이야기를 나눴다. 영어를 유창하게 쓰는 그는 전자사전으로 매일 영어와 스페인어를 공부한다고 했다. 기차나 버스로 이동할 때도 틈틈이 공부한다고 했다. 그렇게 시간 가는 줄도 모르고 우리는 수다를 떨었다.

냅킨들이 다 떨어지고 두 번째 리필을 해가며 이야기를 계속했다.

– 다음엔 인도 어디로 가?

내가 물었다.

– 8월 중순쯤 파키스탄으로 갈 거 같아.

– 그래? 나도 그때쯤 파키스탄으로 갈 거 같아.

– 하하. 잘하면 파키스탄에서 볼 수도 있겠구나. 파키스탄

어디를 여행할지 계획은 다 짰어?

　– 아직은 잘 모르겠어. 공부를 해봐야겠지?

　– 그렇다면 훈자는 꼭 잊지 마. 파키스탄 히말라야에 위치
해 있는데 지상낙원을 그대로 옮겨놓은 곳이래. 소문이 자자
하더라고.

　– 오호! 그렇다면 꼭 가봐야지.

　신이 난 내 반응에 노리가 방긋 웃었다.

　– 아샤, 오늘은 뭐 할 거야?”

　– 난 스피뚝을 보러 가려 해.

　– 나도 가려고 했던 곳인데 그럼 같이 가지 않을래?

　– 나야 동행이 있으면 좋지!

　우리는 한 시간 뒤 버스정류장에서 만나기로 하였다. 긴 생
머리의 노리 군은 커다란 카메라를 메고 버스정류장에 나타
났다. 호리호리하고 작은 몸에 비해 카메라는 좀 무겁고 커보
였다. 내가 카메라가 너무 커 보인다는 제스처를 하자, 노리 군
은 메고 있던 옆구리 가방에서 작은 디지털 카메라를 꺼내 보
이며 씩 웃었다. 큰 카메라는 사진용이고 작은 건 동영상 촬영
용이라고 했다. 우리는 버스를 타고 11세기에 지어진 스피뚝
불교사원으로 향했다. 버스는 휑한 도롯가에 우리를 내려주

고 먼지바람을 일으키며 사라졌다.

레 시내에서 그리 멀지 않은 스피뚝 사원은 통째로 조각한 바위 꼭대기 위에 사원을 얹어둔 것 같다. 라다크 사원들은 모두 돌산 정상에 있어서 쳐다보는 것만으로도 다리가 휘청거렸다. 안 그래도 해발 3,500미터가 넘는 마을에 사원들은 왜 이리 높게 지어놓았는지… 등산하듯이 사원을 올라야 하는 게 벅차서 불만 가득한 나와 달리 노리는 몸이 가벼웠다. 왜소한 몸에 무거운 카메라를 메고도 잽싸게 계단을 올랐다. 난 계단을 몇 개 오를 때마다 한 번씩 숨을 고르며 천천히 올라갔다. 계속 숨이 차는 게 고산 때문인지 아니면 눈앞에 병풍처럼 펼쳐진 웅장한 전망 때문인지 헷갈렸다. 그러나 어쨌든 높이 오를수록 가슴이 뻥 뚫리는 후련함은 분명히 있었다. 천천히 꼭대기에 올라서니 사원을 둘러싼 인더스강과 히말라야 산맥이 한눈에 들어오는 360도 전망이 눈앞에 눈부시게 펼쳐졌다. 말을 잃게 만드는 풍경이었다. 아니 어쩌면 말이 필요 없는 풍경인지도. 노리는 촬영에 푹 빠져 있었다. 그는 DSLR 카메라로 셔터를 쉴 새 없이 누르다가 디지털 카메라를 꺼내 동영상을 찍기도 했다. 카메라를 천천히 움직여 전체 전망을 담기도 하고, 한 손을 길게 뻗어 본인을 촬영하기도 했다. 마치 수화로 누군가에게 이 멋진 장소를 설명하는 것처럼 보였다. 그것도 아주 길게. 그의 얼굴은 환희로 가득 찼다. 그의 손동작 하나하나에서 기쁨이 묻어났다. 이 아름다운 순간을 눈으로, 표정으로, 수화로, 결국 온몸으로 표현하는 그의 모습은 우릴 비추는 태양만큼이나 반짝거렸다. 세상의 중심에 서 있는 듯한 이곳에서 그는 특유의 작은 글씨체로 또박또박 메모를 적어 내게 건넸다.

– 운명이란 우리 손으로 만드는 거야. 우리가 운명에 대한 통제력을 잃게 되면, 결국 운명에 지배당하게 되는 거야.

– 내가 원하는 건 청각장애인들의 자유야. 그들은 몰라. 자신의 삶을 한정하고 틀 안에 가두는 가해자는 바로 자기 자신이라는 걸. 난 그들이 자유롭게 집 밖으로, 도시 밖으로, 나라 밖으로, 세상 밖으로 나오길 간절히 원해. 난 이 여행을 통해 내가 얼마나 멋진 세상에 살고 있는지 매일같이 느끼고 있어. 비록 소리 없는 세상에 살고 있지만 아름다운 이 세계를 볼 수 있게 두 눈을 주신 신께 감사해.

노리는 스스로를 불행하다고 생각하는 많은 장애인들에게

용기를 주기 위해 세계일주를 하고 있다고 했다. 자신의 여행이 청각장애인들에게 희망을 줄 수 있기를 바란다고 했다. 노리는 오늘도 자신의 두 눈에 세상의 감동적인 순간들을 담아 일본의 청각장애인들에게 수화로 생생하게 전달한다.

나는 그의 뒤를 따르며 내가 가진 것들에 대해 새삼 감사했다. 듣고, 보고, 먹고, 걷고, 생각할 수 있는 이 기본적인 자유들이 당연한 게 아니라 모두 감사하게 생각해야 할 것들이었다. 사람들은 자신이 갖지 못한 것에 불평하느라 가진 것에 감사할 시간이 없다. 가진 것은 당연하다고 여기고, 가지지 못한 것은 억울하다고, 나만 못 가졌다고 생각하니까. 나 역시도 감사는커녕 눈이 왜 이렇게 작아, 코가 왜 이렇게 낮아 온갖 불평불만만 늘어놓고 살았다. 소리가 없는 세상. 하지만 두 눈을 주신 신에게 매일 감사해하는 노리에게서 난 내가 가진 모든 것들의 소중함을 처음으로 느낄 수 있었다.

Part 3

다시,
어쩌다 인도

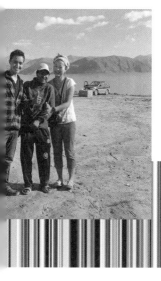

출발은
곧 설렘

인도로 다시 떠나는 길은 설렘으로 가득했다. 심장이 어찌나 벌렁거리는지 체면이고 뭐고 나는 사람들 앞에서 오두방정 깨방정을 떨곤 했다. 인도로 다시 떠나기 전 사람들과 작별 인사를 나누면서 내 목소리는 마치 복권이라도 당첨된 사람처럼 들떠 있었다.

"오랜만에 집에 가니 그리 좋아?"

"고향 가는 느낌 물어볼 필요도 없겠지?"

"드디어 물 만났구나!"

"매번 갈 때마다 그렇게 설레?"

"다 죽어 가던 목소리가 하늘을 나는구나."

나의 지인들은 인도를 집, 고향, 물, 하늘과 같은 단어와 연결시켰다. 나에게 있어 인도란 마치 떼려야 뗄 수 없는 곳인 것처럼.

뭄바이로 다시 떠나는 날. 가슴이 터질 것처럼 부풀어 올랐다. 언제나 날 두근거리게 하는 인도로 날아가는 비행기 안. 기내 스크린 속 영화에서 춤추는 장면들을 보니 어깨가 들썩거리고 당장 춤이라도 추고 싶어졌다. 비행기가 각도를 틀어 하강 자세를 취했다. 곧 인도와 마주하게 될 설렘에 잔뜩 고조된 나. 창밖으로 들쑥날쑥 빌딩들이 들어선 뭄바이 도시를 보며 환희에 취했다.

"쿵쿵쿵."

착륙하자마자 더 크게 울리는 엔진 소리와 바퀴 소리가 기내를 가득 채웠다. 비행기가 채 멈추기 전에 '딱, 딱' 안전띠 버클 푸는 소리와 짐을 내리는 인도인들에게 주의를 주는 승무원들의 목소리가 복도 사이사이로 퍼졌다. 분주한 대열에 합류하고 싶지 않아, 나는 비행기 밖으로 시선을 돌렸다. 승객이 얼마 남지 않았을 때쯤에서야 천천히 일어나 걸어 나갔다.

비행기 밖으로 나서니 한 무리의 인도인 스태프들이 눈에 들어왔다. 나는 양손을 가슴 앞에 대고 인사했다.

"나마스떼."

고대하던 인도 땅에 드디어 착륙!

공항 밖을 나서니 무서우리만큼 꿉꿉한 공기가 온몸을 감쌌다. 내리쬐는 강한 햇빛에 절로 얼굴이 찡그려졌다. 한국의 얼음 같은 12월 날씨는 벌써 아득해졌다. 얼음 동네의 문턱을 넘어 태양이 작열하는 사막으로 순간 이동한 느낌이었다.

익숙한 날씨와 풍경들, 그리고 사람들. 앞에 캐리어를 끌고 가는 인도인, 위아래 간디 선생님처럼 순백의 옷을 깔끔하게 차려입은 저 남자도 인도인, 두꺼운 갈색의 사리 옷을 입고 배만 내놓고 온몸을 가린 저 여자도 인도인, 그리고 나 이아샤도 자칭 인도인. 나는 다시 인도로 왔다. 이제 더 이상 울보 아샤는 없다. 인도는 나에게 더 이상 낯설고 무서운 땅이 아니다. 제2의 고향이며, 언제나 가슴 뛰게 하는 나의 첫사랑이다.

마살라는 향신료를 의미한다. 마늘, 양파, 후추, 정향, 생강, 강황 그 외 각각의 향과 맛을 가진 재료를 통칭한다. 매운맛, 쓴맛, 단맛, 달콤 쌉싸름한 맛, 시큼한 맛 등 마살라가 표현하는 맛의 세계는 다양하다. 인도인들은 다양한 상황에서 '마살라'라는 단어를 사용한다. 슬픔, 분노, 행복, 기쁨과 같은 인간의 감정들, 탄생, 결혼, 죽음, 성공, 실패와 같은 경험, 공포, 액션, 로맨스가 버무려진 인도 영화에도 전부 '마살라'라는 수식어를 붙인다. 다양한 사람과 문화가 어우러져 독특한 매력을 뽐어내는 인도란 나라야말로 다채로운 마살라 왕국이라 할 수 있다. 난 인도에서 놀랍고 신비로운 나날들을 경험하고 있다. 인도식 이름과 함께 말이다. 내 이름 아샤는 희망이라는 뜻을 가지고 있는데 한국의 말자, 춘자와 같이 옛날에나 쓰던 구식 이름이다. "제 이름은 아샤예요." 라고 인도인들에게 소개를 하면 "어, 우리 할머니 이름이에요. 우리 고모 이름이랑 같네요." 라며 단번에 기억한다. 아샤란 이름을 쓰기 시작하면서 내 인생은 향신료들의 각기 다른 색깔만큼이나 컬러풀하고 흥미진진해졌다. 난 무법천지 인도 땅에서 좌충우돌 예측불허의 삶을 살고 있다. 오늘도 인도 공항에서 하늘이 내려준 인연들을 기다리고 있다. 이번엔 어떤 멋쟁이들이 인도를 만나러 오는 걸까? 우리 앞엔 어떤 모험이 기다리고 있을까? 난 기대와 설렘으로 공항 출구를 바라보았다.

한국 여자 가이드

"본인 스스로가 연기에 자신감을 갖고 몰입할 때 관객들도 그를 따르지. 가이드는 배우야. 때로는 여자를, 때로는 남자를, 때로는 장군을, 때로는 감독을 연기하는 거지. 절대 네 자신을 속여선 안 돼. 그들의 여행을 행복하게 설계할 수 있는 힘을 가진 자는 바로 너야. 여행이 끝난 후 인도가 그들의 추억에 오래 남을지 안 남을지는 네 자신에게 정직했는지 안 했는지로 결정돼!"

난 그동안 질질 끌며 신었던 크록스 슬리퍼와 물이 빠진 알라딘 바지, 색이 바랜 티셔츠들, 그리고 내가 아끼던 시바 신이 프린트된 히피풍 핑크색 티셔츠, 낡아 빠진 배낭에 이별을 고

했다. 난 더 이상 배낭여행을 가르치는 선생님이 아니다. 이제부터 난 패키지 가이드였다. 가이드 교육을 받으면서 나는 기분 좋은 탄성을 질렀다. 오예! 새로운 일 앞에서는 늘 약간의 흥분과 긴장이 일렁였다.

푹푹 찌는 저녁 뭄바이 출국장. 호텔 매니저, 렌터카 직원, 가이드들이 나란히 줄 지어 서 있었다. 다들 손님 이름, 단체명이 적힌 종이를 들고 목 빠져라 출입구를 바라보았다. 오늘은 다른 여행사의 한국 팀들도 도착할 예정이라 한국어가 쓰인 픽업 보드를 든 사람들이 꽤 많이 눈에 띄었다. 그들 사이로 한국말이 유창한 선배 인도인 가이드가 보인다. 그에게 다가가 반갑게 인사하며 이야기를 주고받았다.

"아샤가 인도에 온 지 얼마나 되었지?"

"2005년에 처음 왔고, 여행과 일한 경력을 따지면 8년이 다 되어 가네요."

"와, 그렇게 오래되었단 말이야? 이제 인도 사람이라 해도 되겠네."

"20대 황금기를 인도에서 보냈답니다."

내가 말을 마치자마자 한국인 한 무리가 눈에 들어왔다.

"오늘은 제 손님이 먼저인 거 같네요. 선배님, 수고하세요!"

나는 살짝 웃어 보이고는 손님들에게로 가서 인사를 나누었다.

"안녕하세요. 먼 길 오시느라 많이 힘드셨죠?"

능숙하게 손님들을 모시고 대기 중이던 투어 버스에 올라탔다.

"안녕하세요. 이렇게 아름답고 멋진 여러분들을 만나 뵙게되어 영광입니다. 제 이름은 아샤예요. 여러분들과 9박 10일동안 함께할 가이드랍니다. 여러분에게 인도의 사회, 전통, 문화, 역사 등 궁금한 모든 것을 알려주는 사람입니다. 아마 인도 오기 전에 주변에서 이런 얘기를 듣고 오셨을 거예요. 더럽다, 위험하다, 힘들다, 그런데 왜 가냐 등등. 겁을 잔뜩 먹고 오신 분도 있고 걱정에 밤잠을 못 이루며 도착하신 분도 있을 거예요. 그 모든 선입견을 재미있다, 멋지다, 아름답다, 훌륭하다, 최고다로 바꿔드리겠습니다. 아샤가 이 세상에 존재하는모든 색깔보다 더 다양한 인도의 매력을 여러분에게 보여드릴 겁니다. 얘기하다 보니 벌써 호텔에 도착했네요. 저희가 묵을 호텔은 5성급 호텔인 르 메르디안입니다. 잃어버리신 물건은 없는지 주변 다 확인하고 내리세요. 캐리어는 호텔 짐꾼들이 내릴 테니 여러분은 절 따라 로비로 오시면 됩니다."

보안 검색대 통과 후 호텔로 들어서자 우아한 샹들리에가 가장 먼저 눈에 들어왔다. 정장을 깔끔하게 차려 입은 리셉션 직원들이 환한 미소를 보냈다.

"우리 호텔에 오신 걸 환영합니다."

"감사해요. 그룹 체크인을 하고 싶은데요."

"네. 그런데 실례지만, 가이드가 누구죠?"

"제가 가이드예요."

"아니, 인솔자 말고 인도 가이드와 얘기하고 싶은데요."

"제가 인도 가이드예요."

그가 깜짝 놀라며 묻는다.

"네? 그럴 리가요?"

내 말을 믿지 못하겠다는 듯 직원들은 자기들끼리 그 자리에서 힌디로 중얼거렸다.

"설마 이 여자가 가이드란 말이야? 다시 물어볼까?"

"가이드도 구분 못하는 거 아냐? 곧 인도 가이드가 나타나겠지."

난 그들의 대화를 단칼에 잘라내며 강한 어조의 힌디로 말했다.

"제가 가이드 맞거든요?"

"하하, 힌디어도 하시네요. 가이드가 맞군요!"

멋쩍은 표정을 짓는 직원들이 예약된 방 키를 건네주었다. 그들의 이런 인사는 우연이 아니다. "현지 가이드가 누구죠?"라는 질문은 여행 내내 날 따라다닌다. 운전기사들, 호텔과 식당 직원들, 유적지 가이드들까지! "한국 여자가 가이드야?"로 시작해서 숱한 질문 공세를 퍼부으며 정말 가이드냐고 몇 번씩 물어본다.

"아니, 여자가, 그것도 한국 여자가, 어떻게 가이드를 하죠?"

인도인 가이드들은 몇 번씩 되물었다.

전통적으로 보수적인 성향을 지닌 힌두교는 몇 십 년 전만 해도 여성의 교육, 사회활동은 금기시했다. 하지만 급격히 발전하는 현대 사회에서 남녀평등 사상이 부각되고 여성도 사회의 구성원으로서 직업 활동도 하게 되었다. 델리, 뭄바이, 뱅갈로르 등 큰 도시에서는 자유롭게 직장 생활을 영위하는 여자의 비율이 높다. 그러나 전통을 중시하는 가정에서는 여전히 이상적인 여성의 모습으로 한 남자의 아내, 한 아이의 엄마로서 가정과 남편의 내조를 하는 여성을 선호한다. 여성의 식당 서빙도 금지되어 여행객들은 남자 상인들만 보게 된다. 식당, 슈퍼, 마사지숍, 상점, 옷 가게 등등 대부분의 상업 활동은 남자들 몫이다. 또 고학력의 여성들이 일하는 분야는 한정적이다. 대부분 공무원, 기업체, 선생님, 의사, IT, 경영 등의 전문사무직으로 간다. 그러다 보니 아무리 반복적으로 똑같은 여행지를 돌아다녀도 인도 여성을 자연스럽게 만날 기회나 친분을 쌓을 기회는 좀처럼 만들기 어렵다. 내가 몸담고 있는 관광 산업 분야에서도 마찬가지였다. 호텔, 여행사, 식당 관광업 대부분이 남자들의 영역이다. 땅 덩어리 큰 인도는 29개 주마다 법이 틀린데 여성의 직업 선택에도 제약을 둔다. 최근 께랄라주에서 여성의 안전을 위해 주류 판매업종 여성 고용을 금지시켰다. 카르나타카주는 2007년 호텔, 상점, 여행사의 저녁 근무에는 여성을 고용할 수 없는 법을 만들었다. 그 외 찬디가르, 펀잡, 하리야나, 히마찰 쁘라데쉬주도 1914년에 만들어진 법을 현재도 적용하며 여성의 식당과 술집 취업을 금지하고 있다. 여성은 탄광, 채석장, 생산 공장 등의 야간 근무도 허용되지 않는다.

특히 여행 가이드라는 직업은 더더욱 남자에 국한된다. 자신의 딸이, 자신의 아내가 매일 집을 떠나 열흘, 보름씩 모르는 사람들과 동행한다는 건 평범한 인도 가정에서는 상상하기도 받아들이기도 어려운 일이다. 내가 8년 동안 만난 인도 여자 가이드는 지금껏 딱 두 명인데 둘 다 나처럼 인도 전역을 안내

하는 것이 아니라 집에서 출퇴근하는 당일치기 유적지 가이드였다. 인도 남자 가이드들로 가득한 패키지 여행 시장에서 코찔찔이 울보 배낭여행자였던 내가 외국인 여자 가이드로 활동한다는 사실은 믿기지 않는 일이다. 인도 남자들도 두 손 두 발 다 드는 철의 여인 아샤로 변신하기까지 나는 틀에 박힌 선입견들과 무시, 싸늘한 냉대를 이겨내야 했다. 그리고 그 끝에 얻은 타이틀이 바로 "잔시 끼 라니"다. 한국말로 "잔시의 여왕"이라는 뜻. 혈혈단신 인도 땅에서 만만치 않은 예측불허 상황들을 헤쳐나가며 여자임에도 아랑곳하지 않고 꿋꿋하게 일하는 나에게 인도 선배들이 붙여준 별명이었다. 잔시의 여왕 '락쉬미 바이'는 아들을 끈으로 등에 묶은 채 남자처럼 차려입고 전쟁터로 뛰어들었다는 인물이다. 마지막 순간까지 영국군에 맹렬하게 대항하다 죽음을 맞이한 인도의 잔다르크이며, 철의 여인이다.

수많은 인도인 가이드 선후배들 사이에 내가 유일한 '한국 여자 가이드'로 활동하고 있다는 건 뿌듯하고 멋진 일이다. 인도 땅에 핀 희귀한 한국 꽃이거나 인도 남자들 사이에서 기죽지 않는 한국산 잡초거나, 그 무엇이라도 상관없다. 나는 인도를 사랑하는 아샤니까!

신들의
나라

새벽 5시 반 어둠이 짙게 깔린 하늘 위로 노란색 형광등만이 빛났다. 어둠 속에서 실루엣만 보이는 인도 사람들이 지나다녔다. 길가 양옆엔 소들이 웅크리며 잠을 자고 있었다. 웬일로 추적추적 가랑비까지 내렸다. 겨울엔 보기 힘든 귀한 손님이다.

발걸음을 재촉해 시바 사원으로 향했다. 사원 입구에는 예배의식에 쓰이는 싱싱한 꽃들과 용품들이 매대 위에 가지런히 놓여 있었다.

"시바 신이 좋아하실 거예요."

매대 주인이 아직 피지 않은 달걀 모양의 하얀 연꽃을 불쑥 내밀었다. 아저씨에게 돈을 건네니 오므려져 있던 연꽃잎을 하나하나 펴주었다. 순식간에 금방 물 위에 띄워도 될 만큼 활짝 핀 연꽃이 되었다. 연꽃을 오른손 위에 올리고 신발을 가지런히 벗어놓은 후 입구 위에 달린 청동 종을 쳤다. '댕댕~' 종소리가 청량감 있게 어둠 속에서 울려퍼졌다. 바닥과 닿은 맨발에 비로 축축해진 차가운 돌바닥과 거친 모래알이 느껴졌다. 순간 잠시 고민했다. 들어갈까 말까.

'발이 지저분해질 텐데.'

잡생각이 떠오르자 난 내 이마를 탁 쳤다.

'뭣 때문에 이곳에 와 있는 것인가. 마음의 평화를 얻기 위해서지. 발바닥의 편안함을 얻기 위해 온 것이 아닌데!'

연꽃을 꼭 쥐고 시바 신과 교감한다는 마음으로 주문을 외우며 한 발 한 발 내딛었다.

"옴 나마 시바 야"

사원 안에 놓인 시바 신의 신상에 꽃을 올리고 그의 발아래 이마를 가져다 댔다. 평온한 얼굴로 사원을 세 바퀴 도는 사이 처음 느꼈던 모래알의 불편한 감촉도 축축함도 온데간데없이 사라졌다. 만트라를 외울 때마다 머릿속이 가벼워졌다.

그렇게 값진 마음의 평화를 안고 뒤돌아서는데 힌두 사제가 나를 불러세웠다. 내가 가까이 가자 그는 내 미간에 빨간 꿈꿈 가루를 찍어주었다. 아침 첫 예배 후 신에게서 하사받은 쁘라사드(예배음식)를 나눠주었다. 그렇게 난 시바 신의 은총도 함께 가져왔다.

호텔로 돌아온 후 내 정신은 그 어느 때보다 개운하고 맑았다. 화장대 한편에 모신 가네샤 신(시바 신의 아들)의 석상에 쁘라사드(예배 음식)를 바치고 향에 불을 붙였다. 연한 재스민 향이 방 구석구석 은은하게 퍼졌다. 그날 아침 시바 신 추종자인 여행사 매니저 수브라와 남인도식 아침 식사를 하는 중에 나는 이 일에 대해 물었다. 그는 힌두 사제가 그렇게 직접 불러세우는 일은 드물다며, 시바 신이 언제나 너와 함께 할 거라 말했다.

인더스 문명의 발생지이자 세계 문명의 보고라고 불리는 인도를 알려면 힌두교를 빼놓을 수 없다. 기원전 2,500년 전부터 인더스강 유역으로 형성된 토착문화 생활을 하던 부족들은 자연과 불을 숭배하며 살았다. 그로부터 1,000년 후 중앙아시아를 거쳐 들어온 아리아인들이 인더스 문명을 정복하면서 만든 베다(힌두경전)를 주축으로 하여 인도는 신들의 땅으로 재탄생한다.

인도가 수천 년 동안 외부의 침입, 이슬람과 서양 세력의 식민체제에서도 힌두교를 지킬 수 있었던 건 유일신이 아닌 3억 3천만 명의 신과 여신들에 대한 믿음, 그리고 타 종교를 비난하기보다 포용하려는 정신 때문이다. 오랜 역사로 다져진 인도의 전통과 문화는 힌두 종교에 기반하고 있다. 고로 힌두교는 종교라기보단 인도인의 육체와 영혼을 구축하는 뿌리이자 정신이며 그들의 삶 그 자체다.

굳이 나처럼 이른 새벽부터 힌두사원을 찾지 않아도 신은 어딜 가나 있다. 인도에는 집집마다 신을 모시는 사당이 있으며 차와 버스, 지하철, 회사, 슈퍼마켓, 식당, 길거리 심지어 한눈에도 오래되어 보이는 가로수 나무 곁에도 신의 사진이나, 스티커, 석상이 놓여 있다.

친구 쁘렘은 매일 아침 일어나 깨끗이 씻은 후 개인 사당에 들어가 한 시간 넘게 '옴 나마 시바야'로 시작하는 힌두 경문을 읊어대고, 부인 락쉬미는 백단향을 피워놓고 집 이곳저곳을 불과 향으로 채운다. 뿌연 연기가 가득한 집을 이방인이 본다면 불이 난 줄 알 것이다. 그러나 이것은 수많은 힌두교들이 일을 시작하기 전 신에게 기도를 드리는 방식이다. 그뿐이랴. 이렇게 흔하디흔한 신들이 곳곳에 보일 때마다 머리를 숙이고 두 손을 모아 인사를 한다. TV 프로그램에서는 신화를 소재로 한 만화부터 드라마, 영화, 홈쇼핑(힌두석상과 예배도구를 파는 등등). 그 외 사제들이 진행하는 힌두교 자체 채널까지 있을 정도다. 실로 다양한 분야에서 신을 만날 수 있는 것이다. 힌두의 대서사시라 불리는 마하바라타와 라마야나를 소재로 한 드라마들은 책만큼이나 유명하다. 길모퉁이 모퉁이마다 자리한 힌두 사원은 바잔(찬송가)과 신도들의 박수 소리로 매일 아침을 열고 하루를 마무리한다.

바잔은 핸드폰 벨소리와 연결음으로, 신들의 사진은 핸드폰 배경화면으로 인기가 높다. 아이가 태어난 후 이름을 지을 때 힌두교들은 힌두 제사장에게서 이름을 받는다. 사람들은 시바, 크리쉬나, 락쉬미 등등 각 신들이 가진 지혜와 힘을 아이도 갖길 바라는 의미에서 신들의 이름을 선호한다.

인도인들은 학교와 가정, 사원에서 배운 힌두 신화들을 이야기하고 일상적인 대화에도 신을 언급한다. 기쁜 일이 있을 땐 신의 은총에 감사한다. 나쁜 일이 있을 땐 신을 탓하는 대신 자신이 전생에 지은 업과 기도의 부족으로 돌린다. 인생의 곤경과 불운은 신의 보살핌 아래 참을 수 있는 것이 된다.

"아들이 태어났어요. 신의 은총이에요."

"딸이 좋은 남편을 만났어요. 신이 보살펴주신 덕분이죠."

"월급이 올랐어요. 신의 은총이에요."

"새 집을 샀어요. 신에게 감사 예배를 드릴 거예요."

사람들은 신에게 감사를 하며 기도를 올린다. 신에게 축복받을 수 있는 일이라면 어떻게든 참여한다. 한국인인 나도 인도 땅에 서 있기에 매일 신과 마주한다. 평소엔 신들에게 별 감정 없지만, 간혹 화가 날 때도 있다.

신흥부자들의 천국, 상업의 중심지라 불리는 뭄바이는 럭셔리 주택, 콘도 열풍으로 뜨겁다. 사실 난 발코니마다 개인 수영장이 딸린 럭셔리 주택들을 볼 때마다 기분이 씁쓸해진다. 그걸 짓기 위해 동원된 일꾼들의 사정 때문이다. 그들은 물 부족과 식량 부족으로 고향을 떠나 뭄바이로 온 사람들이다. 그들은 이곳에서 부자들의 발코니 수영장을 만들며 피땀을 흘린다. 노동 환경은 열악하고 노동에 대한 대가는 형편없다. 가끔 한 번쯤은 신을 원망해볼 법도 한데 그들은 여전히 신을 공경한다. 나는 어느 가난한 여자의 고백을 잊지 못한다. 그녀의 고백은 내게 신은 어디에 있는지 묻게 했다.

"남편이 일을 구하지 못해 몇 날 며칠 허탕을 치면 우리 집 쌀독도 바닥을 드러내고 입에 풀칠할 형편도 못돼요. 그럼 그런 날은 쥐구멍을 찾아다녀요. 쥐들이 음식을 물어놓는 곳을 찾으면 주린 배를 채울 수 있거든요. 쥐구멍을 많이 찾으면 신에게 감사 인사를 드려요. 그조차도 너무 감사한 일이니까요."

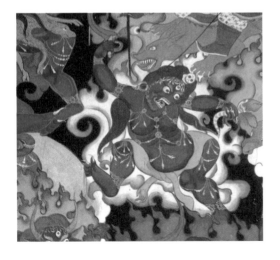

당신의 종교는
무엇입니까?

　외국인인 내가 가장 많이 듣는 질문은 "웨어 아 유 프롬 Where are you from"이었다. 사람들은 중국, 일본, 한국 등 각 나라 이름을 대며 퀴즈 맞추듯 예상하길 좋아했다. 하지만 내가 인도 옷을 걸치고 힌디로 말하며 그들이 쓰는 제스처를 취하니 날 인도인이라 생각하는 사람이 많아졌다. 인도 인구의 2퍼센트에 해당하는 2천6백만 명이 나와 같은 몽골족인데 그 생김새가 한국 사람, 중국 사람이랑 비슷하다. 사람들은 이젠 어느 나라 사람이냐 묻기보단 '너 라다크 사람이지? 나갈랜드 사람이지? 미조람에서 왔지?'라고 확신에 차 묻는다. 피도 한 방울 안 섞인 먼 나라 땅에서 이방인 대신 동네 사람 취급받는 기분은 꽤 근사하다. 거기다 인도 이름 '아샤'를 쓰니 다들 내가 인도 사람인 줄 안다.

두 번째로 가장 많이 듣는 질문은 바로 종교에 관해서다. 길거리를 배회하며 만나는 사람도, 짜이 가게 주인도, 기차 옆 승객도, 버스 기사도, 옆집 아줌마도 날 알든 모르든 상관없이 누구나 흔하게 이 질문을 던진다.

"당신의 종교는 무엇입니까?"

그때마다 나의 답은 한결같다.

"종교가 없습니다."

담담히 대답하면, 대부분의 인도인들은 안 그래도 튀어나올 것 같은 두 눈을 더 크게 뜨고 놀라서 입을 벌렸다가 이내 속사포처럼 다음 질문을 내뱉는다.

"아니, 어떻게 종교가 없죠?"

"종교가 있는 사람도 있고 없는 사람도 있는 거죠."

"그럴 리가요. 당신 부모님의 종교는 어떻게 되나요?"

"어머니는 기독교예요."

"할머니, 할아버지의 종교는 어떻게 되나요?"

"불교예요."

"당신은 신을 부정하나요?"

질문이 이어질수록 사람들의 목소리는 조금씩 격앙되고 떨리기 마련이었다. 그들의 세계에서는 종교가 없다는 것 자체가 믿기지 않는 일이기 때문이다.

"아니오. 신의 존재를 믿습니다. 저는 인도에서 다양한 종교에 대해 알게 되었어요. 전엔 불교와 기독교, 가톨릭교만 존재하는 줄 알았죠. 인도에 와서 알게 된 힌두교, 이슬람교, 시크교, 자이나교, 조로아스터교 그리고 그 아래 다시 새로운 종파와 사상으로 나뉘는 수많은 파생 종교들. 그 종교들을 하나하나 공부하면서 결국 신은 하나라는 결론에 이르렀지요. 다 같은 말을 하고 있거든요. 모든 종교가 좋은 세상을 만들기 위해 이로운 말씀을 전파합니다. 간음하지 말라, 도둑질하지 말라, 살생하지 말라, 시기하지 말라, 모두 인간의 생명을 존중하고 세상을 이롭게 하는 규율들로 채워져 있어요. 제게 있어 신은 가이드입니다. 인간이 이 땅에서 지켜야 할 삶의 수칙을 알려주니까요. 전 모든 종교를 존중합니다. 신의 존재도 믿지만 사실, 신의 말씀을 올바르게 이행하는 사람들을 더 믿습니다. 세상을 바꿀 힘은 신이 아니라 인간의 손에 달려 있으니까요."

내가 말을 마치면 어떤 이들은 고개를 끄덕이고, 또 어떤 이들은 더 많은 질문을 하기도 한다. 서로 생각이 다른 사람들을 만나, 때론 놀라고 때론 공감하고 때론 열띤 토론을 벌이는 일. 그러면서 조금씩 생각을 넓히고 마음을 넓히고 다양성을 깨닫는 일. 여행이 주는, 특히 인도 여행이 주는 큰 선물이다.

신이 진정
좋아하는 것

아제이는 엘리트다. 인도의 유수한 명문대학 IIM 출신으로 연봉 1억의 잘 나가는 인도 남자다. 어느 날 아제이와 인도 식당에 앉아 이런저런 이야기를 나누었다. 인도인과의 대화에서 종교 이야기는 절대 빠지지 않는다.

그에게는 매일 네 시간씩 사원에서 기도를 하는 고모님이 있다. 고모님은 집안에서 내로라하는 극성맞은 힌두 신자다. 틈만 나면 신을 찬양하는 노래를 부르고 신의 이름을 읊어댄다. 남편과 아들을 위한 단식을 하고 틈틈이 명상을 하며 빠짐없이 힌두 예배에 참여한다. 심지어 해외여행도 마다한다. 이유인즉슨, 세계에서 유일하게 선택받은 신들의 땅 인도를 떠나는 건 자신의 영혼을 오염시키는 일이라 생각하기 때문이다.

"우리 고모는 신에게 모든 걸 다 바칠 준비가 된 열혈 신자야. 매일 같이 사원에 가서 헌금과 헌화를 하지. 반면, 길거리 거지들에겐 돈 한 푼도 주지 않는 냉혈한이기도 해. 어느 날 고모랑 길을 걸어가는데 거지 아이들이 다가왔어. 내가 돈을 주려 하자 고모가 날 말리며 말했지. 쟤들은 신에게 버림받은 아이들이야. 전생에 지은 죄가 많은 거란다. 더러운 존재야. 만지면 너도 오염이 될 거야. 얼른 지나가자."

그 순간 아제이는 너무 화가 나서 고모에게 말했다고 한다.

"고모. 매일매일 기도하는 대신 저 아이들을 위해 봉사를 해보시는 게 어때요? 신도 좋아하실 거예요."

그러자 아제이의 고모는 혀를 끌끌 차며, "네가 외국엘 나다니더니 정신이 어떻게 된 거 아니냐?" 노발대발하셨다는 것이다. 고모는 아제이의 부모님한테까지 전화해 크게 화를 내셨다고 한다. 아제이는 고모의 행동을 도저히 이해할 수 없다는 표정으로 말했다.

"왜 사람들은 신이 돈을 내고 꽃을 바치면 좋아할 거라 생각하지? 신을 그렇게 믿는 사람들이 도움을 청하는 가난한 사람들은 왜 외면하는 건데? 난 죽어도 우리 고모를 이해하지 못할 거 같아."

아제이는 고모 일로 정말 속이 상한 듯했다. 그때 마침 우연히 들었던 설법 내용 하나가 생각났다.

"아제이 속상해하지마. 너의 생각이 옳아. 달라이라마도 너와 같은 생각을 가졌다고 했어. '당신이 내 설법에 늦는다고 부랴부랴 뛰어오는 와중에 길거리에서 걸인을 만난다면 당신은 어떻게 하겠느냐?'고 달라이라마가 물었지. 사람들이 머뭇거리며 대답을 못하자, 그는 단호히 말했어. 주저하지 말고 멈춰 서서 걸인을 도와주라고. 타인의 도움을 외면하는 사람에게 설법은 아무런 도움이 안 된다고. 좋은 말을 듣기보다 좋은 일을 실천하는 사람이 돼야 한다고."

내 말에 아제이도 고개를 끄덕거렸다.

"신이 진정 좋아하는 것은 가난하고 약한 사람을 외면하고 무시하는 게 아니라 그들 편에 서서 그들을 돕는 것이 아닐까?"

나와 아제이는 그날 오래도록 이야기를 나누었다. 눈앞에 아주 구체적인 모습의 가난이 존재하고, 눈에 전혀 보이지 않는 신이 살아 있는 곳. 그 사이에서 매일 수많은 모순과 불합리함을 목격해야 하는 곳. 그리고 그 속에서 특별한 깨달음을 얻게 되는 곳. 이곳이 인도이기 때문에 가능한 일이었다.

카스트 제도와
결혼 광고

　인도 신문은 그 어느 나라보다 재미있고 엽기적인 기사들이 많다. 다채로운 문화와 풍부한 소재로 꽉 찬 신문을 보다 보면 웃음이 빵빵 터진다. 쓰레기통에 쓰레기 버리는 코끼리, 원숭이 갱단의 습격, 부인이 39명, 4층 건물에 181명의 가족이 함께 사는 세계 최대 가족 수를 기록한 인도 소수민족의 한 남성, 동네에 출몰한 야생 표범을 잡기 위해 오토바이 헬멧을 쓰고 출동한 파출소 직원, 철로로 걸어오는 신성한 소를 피하려다가 기차가 선로에서 벗어나는 바람에 생긴 큰 참사까지! 가히 상상을 초월하는 뉴스거리가 매일 한 가득이다. 이런 숱한 기삿거리들은 때로 큰 즐거움을 주기도 하고 때로는 큰 안타

까움을 남기기도 한다.

나의 아침은 신문 읽기로 시작된다. 그중 재미있는 기사들을 요약해 손님들에게 이야기해준다. 마침 매주 일요일에만 뜨는 '결혼 광고란matrimonials'이 눈에 들어왔다. 어떨 땐 2장에서 4장까지 결혼 상대를 구하는 광고들로 빼곡한 지면이었다. 인도 현지인들에게야 우리나라의 벼룩시장 구인광고만큼이나 흔한 내용이겠지만 외국인인 내 눈엔 굉장히 흥미로웠다.

인도를 찾는 한국 사람들이 제일 궁금해하는 게 바로 우리가 학창시절 한 번쯤은 들어봤던 카스트 제도다. 인도 매체에 가끔씩 낮은 카스트, 불가촉 천민들의 삶이나 고충에 대한 기사가 나오지만 막상 외국인으로 인도에 살아보면 카스트의 확연한 구분을 직접 느끼긴 어렵다. 제일 높은 사제 계급이라는 브라만도 사이클 릭샤를 하고 빨래와 청소 같이 허드렛일에 종사하기도 한다. 또 낮은 카스트를 가진 사람이 높은 카스트의 회사 상사가 되기도 한다. 2017년에는 불가촉 천민이라 불리는 최하층 카스트에서 대통령이 탄생했다. 람 나트 코빈드 대통령은 1997년 코체릴 라만 나라야난 대통령 다음으로 뽑힌 두 번째 불가촉 천민 대통령이다. 시골에서는 상, 하층 카스트간의 구분이 여전하다고는 하나, 대도시에서는 돈과 학력, 능력이 개인의 카스트로 비추어진다. 이렇게 카스트의 구분이 모호해졌지만, 그래도 결혼 구인광고에서 만큼은 계급 구분이 확연하다.

"구인광고를 쉽게 이해하기 위해선 바르나와 자티를 먼저 알아야 합니다. 기원전 2,000년대 중반 인도대륙으로 들어온 아리아인들은 자신들과 검은 피부의 인도 원주민들을 색깔로 구분했어요. 이 때문에 바르나(색깔)라는 네 가지 신분체계가 만들어졌어요. 그게 여러분들이 들어온 카스트 제도의 뿌리입니다. 브라만(사제), 크샤트리아(무사), 바이샤(상인), 수드라(노예). 그 외 카스트에 속하지 못하는 존재들은 불가촉 천민이라 합니다. 이 4가지 계급 체계는 지리, 언어 환경에 따라 다시 자티라 불리는 3,000~6,000개의 계급으로 나눠집니다. 이렇게 세분화된 계급에 따라, 같은 카스트나 같은 자티끼리 결혼을 하게 됩니다. 결혼 광고는 주로 이 바르나와 자티라는 계급체계로 나눠지며 기독교, 이슬람, 불교, 시크교, 자이나교, 조로아스터교 등 종교로도 갈라집니다. 현대에는 새로운 상위 계급으로 부상한 의사, 사업가, 엔지니어, 공무원 등 직업을 조건으로 배우자를 찾기도 합니다. 또 재혼/과부/장애인/에이즈 보균자 등 같은 처지의 짝을 찾는다는 광고도 볼 수 있습니다.

특히 요즘은 '외모지상주의'의 영향으로 예쁘고 잘생긴 사람을 많이 찾는데요. 광고를 내는 쪽도 여자면 예쁘고 남자면 잘생겼다고 꼭 씁니다. 광고를 보다 보면 인도에 잘생긴 사람과 예쁜 사람이 이렇게 많나? 하는 의문이 들 정도예요. 아무튼 아름답고 잘생긴 외모에 좋은 직업과 높은 교육 수준은 중요합니다. 집안의 배경도 많이 보죠. 부모님이 뭐 하시는지, 의사인지, 변호사인지 큰 회사를 운영하고 있는지 말입니다. 자신의 월급을 구체적으로 명시하기도 합니다. 자, 그럼 어떤 광고들이 있는지 다 같이 한번 들여다볼까요?"

나는 손님들에게 인도 신문의 결혼 광고란의 내용을 자세히 읽어주었다. 이것처럼 인도 사회의 구체적인 모습을 잘 설명해주는 예도 없으니까!

- 월급 250만 원, MBA 출신. 28살 매니저 일을 하고 있는 남자가 같은 브라만 출신의 똑똑하고 온화한 여자를 찾습니다.
- 27살의 육군 대위. 키는 169입니다. 아름답고 똑똑하고 교육을 잘 받은 크샤트리아 계급 아가씨를 찾습니다.

이 정도는 무난한 광고들이다. 가끔은 황당한 광고들도 볼 수 있다.

- 32살. 178cm. 타밀 지역 브라만 계급. MBA. 연봉 3,500만 원. 집 소유. 착하고 아름다운 타밀 브라만 여자를 찾습니다. 단, 페이스북 계정 없는 사람.
- 26살. 출중한 외모의 시크교 미녀가 28살 시크교 비즈니스 맨을 찾습니다. 잘생긴 외모와 학식 있는 집안 출신의 남자라면 연락주세요. 단, 마마보이는 사절입니다.
- 28살 호주 시드니에 살고 있는 IT기술자입니다. 26살 미만의 키 크고 아름다운 힌두 브라만 여성을 찾습니다. 단, 술은 입에도 못 대고 전통복을 항상 입는 여자를 원합니다. 집 안에서 청바지는 입을 수 있습니다.
- 32살 잘생긴 이혼남입니다. 월급은 220만 원, 석사과정 수료. 첫 결혼 실패에서 받은 상처로 피폐한 상태입니다. (당신의 사랑으로 치료 가능합니다) 계급, 국적 불문.

삶이 곧 종교라는 힌두교는 탄생부터 죽음까지 무수히 많은 종교의례를 거친다. 인도에서 힌두교도로 태어난다는 건 이미 부모와의 끈보다 더 질긴 신과의 인연을 맺었다는 뜻이다. 신은 윤회사상에 근거하여 한 사람의 악행과 선행을 일일이 체크한 뒤 다음 생의 신분을 정해주신다.

너는 과자를 만드는 사람이 되어라. 너는 농부가 되어라. 너는 빨래꾼이 되어라. 너는 승려가 되어라, 이렇게.

"덕을 많이 쌓으면 좋은 신분으로 태어나요. 그렇지 않다면 낮은 신분으로 태어나는 거죠."

"신에게 부여받은 카스트에 따라 이번 생애 주어진 임무를 충실히 따라야 해. 그게 가장 중요한 의무지. 의무를 충실히 이행해야만 다음 생에 더 좋은 계급으로 태어날 수 있어."

빨래터에서 빨래만 30년 이상 해온 어느 아저씨의 말이다. 반면 도시 출신 젊은 지식인들의 생각은 이와 조금 다르다. 그들은 세상의 변화를 빠르게 감지하는 세대다. 그들에게 계급은 돈과 교육 수준이다. 돈이 없으면 브라만도 어쩔 수 없이 사이클 릭샤를 하고 쓰레기를 주어야 하는 세상인 거다. 전통적인 사제 계급의 브라만들이 고등교육 후, 회사원, 기자, 교수, 선생님, 공무원이 되기도 한다. 교육받은 상인, 수드라 크샤트리아 계급도 직업의 귀천 없이 본인이 원하는 직업을 선택하고 있다. 컴퓨터 엔지니어나 ASI 공무원, 우주항공 등등 신도 상상할 수 없는 신종 직업들도 많이 생겨났다. 인도 부모들도 우리나라 부모들처럼 열과 성을 다해 자식을 뒷바라지하고 교육에 열을 올린다. 자식들이 사회로 나가 돈도 많이 벌고 명예도 얻을 수 있길 강하게 염원하기 때문이다.

좋은 직업이란 역시 곧 돈이다. 전통과 종교를 따르는 카스트 제도와 현대의 물질만능주의 사이에서 인도의 신분 제도는 흔들리고 있다. 그리고 그 속에서 가장 절대적이고 새로운 신이 등장했다. 바로 돈의 신이다.

슬럼
다라비

델리와 뭄바이에서는 잘 사는 사람들을 만날 기회가 많다. 그들은 고급 레스토랑에서 식사를 하고 쇼핑과 마사지를 받으며 요리사, 운전기사, 유모, 청소부, 정원사 등 하인들을 여러 명 거느리고 산다. 나 같은 일반인도 세차 담당, 쓰레기 수거 담당, 청소부, 요리사를 따로 쓴다. 다 저렴한 인건비 때문이다. 인도는 유독 부자와 가난한 사람의 빈부 격차가 크다.

뭄바이에 도착하면 손님들은 이구동성으로 말한다.

"아샤, 여기는 인도가 아닌 거 같아요."

값비싼 외제 승용차, 고층 빌딩, 고급 식당과 큰 규모의 쇼핑몰, 조깅, 자전거를 타며 여가를 즐기는 사람들을 보면 모두들 깜짝깜짝 놀랜다. 상대적으로 외지고 낙후된 곳에 있는 문화유산 유적지만 보다가 눈앞에 펼쳐진 발전한 대도시의 모습은 여행자들에겐 신선한 충격일 것이다. 뭄바이의 생활 물가는 델리와 같은 타 도시와는 비교할 수 없을 정도로 높다.

이번 손님들은 어찌나 화끈하고 멋지신지 인도로 오기 전에 사전공부를 많이 해왔다. 가는 도시마다 경험하고 싶은 것들을 꼼꼼히 적어 목록으로 만들어온 분들도 있었다. 우리는 그 목록에 있던 곳, 즉 영화《슬럼독 밀리어네어》의 촬영지인 다라비로 향하는 중이었다.

《슬럼독 밀리어네어》는 뭄바이 슬럼가에 사는 주인공이 백만장자가 되는 스토리를 담고 있다. 영국 감독 대니 보일의 작품으로 오스카를 휩쓴 히트작이긴 하지만 인도 내에서는 비난이 줄을 이었다.

백인들이 인도의 이미지를 추악하게 그려냈다, 인도의 도약과 발전을 격하시키는 서양의 반격이다, 오스카상 뒤에 교묘하게 숨긴 조롱이다, 허위에 허위를 더한 서양인의 인도 비하 영화다… 이 영화에 대한 인도인들의 평가는 가혹할 정도로 낮았다.

영화는 분명 빈곤에 찌든 인도의 추잡한 모습만을 보여준다. 도둑질, 마피아, 부패, 창녀 등이 수없이 등장한다. 전통과 문화, 유적 등 인도가 가진 갖가지 매력은 하나도 카메라 안에 담기지 않았다. 오직 가난하고 지저분한 인도, 아시아 최대의 슬럼가라 불리는 인도 다라비의 모습만이 화면을 채운다. 인도의 경제 수도 1번지 뭄바이와 큰 대조를 이루는 이런 모습은 인도인들의 반감을 사기에 충분했을 것이다.

우리는 도착 전 다라비 내에 위치한 전문 여행사에 안내자를 섭외해놓았다. 이 여행사는 주민 센터와 몬테소리유치원, 영어 학교 등 투어 수익의 80%를 기부하며 다라비 지역 사회 활성화에 힘쓰고 있었다.

뭄바이 마힘 스테이션. 이곳에서 만난 하리가 우리의 다라비 가이드였다. 다라비에서 태어나고 자란 그는 미로 같은 다라비 골목길로 우리를 안내했다. 유독 큰 눈에 자신감이 넘치는 젊은 청년. 하리는 유창한 영어로 다라비 투어를 설명했다.

"대낮부터 술주정에, 지저분하고 냄새나고, 범죄자들이 득실득실한 곳. 가난의 그림자 아래 절망스럽게 살아가는 사람들을 보러 오신 거라면 번지수가 틀렸습니다. 돌아가세요. 왜냐하면 여러분은 그와 정반대의 것을 보게 되실 테니까요. 이 투어는 영화와 언론이 만들어낸 다라비의 부정적인 이미지를 쇄신하기 위해 지역 주민들이 함께 만든 것입니다. 그럼 이제 투어를 시작해볼까요? 먼저, 주민들이 열심히 땀 흘리며 일하는 산업 구역을 방문한 뒤 거주 구역을 보여드릴게요."

우리는 쌓인 쓰레기 위로 악취가 나는 길가를 지나 도로를 건넜다. 이윽고 하리를 따라 으슥해 보이는 좁은 골목길로 들어섰다. 그곳엔 양철집들이 다닥다닥 빈틈없이 붙어 있었다. 여기저기서 망치 두들기는 소리, 기계로 뭔가를 자르는 소리 등 온갖 소음이 들려왔다.

"비닐들이 바닥에 많으니 안 미끄러지게 조심하세요."

하리가 말했다. 우리는 그를 따라 3층 건물 안으로 들어갔다. 3층까지 놓인 철제 사다리는 좁고 경사가 가팔랐다. 양손으로 꽉 잡고 올라가야 했다. 간신히 옥상에 올라서니 다라비의 전망이 한눈에 보였다. 골목에서 봤던 것과는 사뭇 달랐다. 뭄바이에 공존하는 두 개의 다른 세상이 눈앞에 펼쳐졌다. 개발 붐을 타고 우후죽순 솟아난 오피스 빌딩들과 고층 아파트들 사이로 다닥다닥 붙은 1평짜리 판잣집들이 높은 건물 아래 깔려 있었다.

"현재 뭄바이 인구는 1천7백만 명, 그중 55퍼센트가 뭄바이 곳곳에 생성된 빈민가에서 거주하고 있습니다. 다라비는 뭄바이 공항과 시내를 잇는 철도를 따라 길게 펼쳐져 있습니다. 5만 7천여 채의 가건물들이 20만 제곱미터 면적에 밀집되어 있죠. 원래 다라비는 뭄바이에서 유입된 쓰레기더미로 오염되어 버려진 땅이었어요. 하지만 가난한 농촌민들이 뭄바이 드림을 꿈꾸며 돈을 벌기 위해 이곳으로 이주해오면서 달라졌죠. 집들이 지어지고 가게와 공장들이 생겨나기 시작했어요. 다라비 슬럼이 팽창하는 동안 인도 경제도 눈부시게 성장했죠. 뭄바이는 이제 세련되고 현대적인 모습으로 변모했어요."

"저 노란색, 파란색 플라스틱들은 다 뭐죠?"

옥상 위를 가득 메운 플라스틱 조각들을 가리키며 물었다.

"지금 보시는 이 장소는 뭄바이의 플라스틱 재활용센터예요. 뭄바이 곳곳에 버려진 플라스틱들을 주어와 자르고 씻고 말리고 분류하고 가공하여 재활용 제품으로 만들어 냅니다. 재활용의 80~90퍼센트 과정이 여기서 이루어집니다. 공정은 나눠서 이루어지며 작은 산업체들이 모여 업무를 성실히 이행하고 있죠."

우리는 사다리에서 내려와 다시 비좁은 골목길을 걸었다. 골목길 양옆으로 작은 작업실들이 한눈에 보였다. 골목을 벗어날 때까지 플라스틱을 자르는 매캐한 냄새가 따라왔다. 손님들도 머리가 아프다며 빨리 골목을 벗어나고 싶은 눈치였다. 서둘러 모퉁이를 돌아 나왔다. 그러자 이번에는 어디선가 달콤한 냄새가 나기 시작했다.

"이곳은 빵 공장이에요."

선반에는 갓 구워진 빵들과 쿠키들이 잘 정렬되어 있고 한쪽으로는 기계가 돌아가고 있었다. 호기심 가득한 눈으로 안을 들여다보자 주인이 방그레 웃으며 내게 러스크를 하나 건넸다. 감사의 목례를 하고 따뜻한 러스크를 한입 베어 물었다.

"사장님! 정말 맛있는데요! 감사합니다."

"우리 집 러스크는 뭄바이 전역으로 팔려나가는 베스트 상품입니다! 뭄바이 최고의 러스크지!"

그가 자랑스럽게 말했다. 달달한 러스크를 먹으니 기분이 좋아졌다.

"정비 안 된 전깃줄들이 거미줄처럼 얽혀 있어 머리에 걸릴 수 있으니 조심하세요."

우리는 계속 골목길을 걸으며 조용히 그들이 땀 흘려 일하는 모습을 보고 그들의 일상을 눈에 담았다. 그들의 일상을 방해하지 않기 위해 사진을 찍는 행위는 금지되었다. 갑자기 가죽 냄새가 코끝을 스쳤다. 살짝 고개를 숙이고 본 작은 작업장엔 가죽 옷들과 가방이 어수선하게 펼쳐져 있었다. 하리가 가던 길을 멈추고 설명을 해주었다.

"돈 되는 것이라면 무엇이든 만들어냅니다. 가내 수공업이 매우 발달해 있죠. 인도 전역에서 주문이 들어와요. 작은 방 하나하나가 다 개인 이름을 건 사업체예요. 특히 많은 양의 의류와 가죽제품들이 이곳에서 생산됩니다. 수작업 가죽제품은 그 기술을 인정받아 외국으로 수출도 합니다. 다라비에서 만들어진 댄스화는 수많은 볼리우드 스타들의 극찬을 받았죠"

4~5평짜리 방에서 한 발 한 발 이뤄나가는 꿈. 다라비에서 태어난 사람들은 다라비에서 꿈을 꾼다. 다른 세상이 존재하는지에 대한 의문과 호기심 대신 그들은 매일매일 피땀 흘리며 열심히 일한다. 그 성실함이 가족과 자신의 꿈을 위한 최선의 방법이라고 그들은 믿는다.

우리는 상업구역을 지나 사람들이 바삐 지나다니는 시장을 통과했다. 검은색 부르카를 입은 여인, 화려한 사리 천을 걸친 여자, 다라비가 인도 각 지역의 다양한 종교와 인종이 어우러진 곳임을 한눈에 알 수 있었다. 시장을 둘러본 후 우리는 무슬림들이 사는 구역에서 구자라트 주에서 온 사람들이 사는 구역으로 이동했다. 골목을 통과하니 넓은 공터 같은 곳에 진흙으로 만든 옹기와 항아리들을 빼곡하게 줄지어놓았다.

"사람들은 다라비를 '리틀 인디아'라고 불러요. 주민들은 대게 같은 지역, 같은 종교끼리 구역을 나누어 살고 있어요. 지금 보시는 이곳은 구자라트 지역에서 온 사람들이 살고 있는 곳입니다. 그들은 구자라트 옷을 입고 구자라트 말을 하고 구자라트 전통 항아리를 만들며 살아요. 축제나 명절엔 지역음식을 함께 만들고 축하하죠. 종교별, 지역별 축제를 한 곳에서 다 즐길 수 있으니 멀리 갈 필요가 없어요. 다라비에선 인도 전역의 문화와 전통을 느낄 수 있어요. 사실 이곳은 인도 어느 지역보다 평화로운 곳이에요. 아무도 종교와 계급으로 차별하지 않아요. 모두가 같은 다라비 사람일 뿐입니다. 다라비에 살면서 뭄바이 시내로 출퇴근하는 사람들도 많습니다. 은행원, 의사, 엔지니어 등등 직업들도 다 다양하죠. 다들 뭄바이 시내의 방값이 비싸 상대적으로 저렴한 이곳에서 살고 있어요. 돈을 벌어 이곳을 나가는 게 그들의 목표이지요. 다라비 사람들은 강한 유대감과 결속력을 가지고 있어요. 다들 고향을 떠나 이 낯선 도시로 돈을 벌기 위해 온 사람들이에요."

문득 수십 년간 가죽공예만 하셨다는 흰머리 할아버지의 말씀이 생각났다.

"교육을 받았든 안 받았든 인생의 영웅이 될 수 있지. 땀과 노력, 열심히 일하는 자는 성공할 수 있고 더 나은 미래를 가질 수 있어. 다라비는 희망의 땅이야. 난 함께 땀 흘리는 수만 명의 사람들과 매일 같은 꿈을 꿔."

재활용될 쓰레기들이 몰려오는 곳, 열악한 전기, 먼지 날리는 도로, 좁은 골목길, 터무니없이 좁은 주거 공간 등등. 다라비의 환경은 열악하고 삶은 치열하다. 하지만 나는 보았다. 그들의 땀과 노력 그 뒤의 웃음. 더 나은 미래를 꿈꾸는 이들의 꿈과 희망까지. 다라비는 꿈을 꾸는 자들의 종착역이 아닌 출발역이었다.

Part 4

별별 인도、
속속들이 인도

인도 옷의
유혹

인도에서 입던 옷을 그대로 입고 한국에 오면 난 패션테러리스트가 된다. 색동저고리처럼 화려한 인도 옷만 입고 살다가 한국에 오면 어떻게 옷을 입어야 할지 몰라 난감해진다. 그래서 결국 나는 추리닝처럼 편안한 옷들만 자꾸 찾게 된다. 이런 습관은 평상시에는 크게 문제가 되지 않지만, 결혼식이나 가족 모임같이 격식을 차려야 하는 자리에서는 매우 곤란해진다. 어떤 옷을 입어야 하나 둘러보면 갑자기 머릿속에 빨간 등이 켜진다. 나는 일 년에 한 번 비자 때문에 한국에 들어온다. 와서 짧게는 일주일, 길면 한 달 정도 있는데 그때마다 옷 때문에 곤란해지곤 한다. 어떨 때는 머리에 쥐가 날 정도다.

한국은 세련된 멋이 철철 넘치는 파스텔 계열이나 흰색, 검정, 파랑 등 평소 내가 입지 않는 색상의 옷이 다양하게 유행한다. 남방, 블라우스, 티셔츠, 치마, 면바지, 청바지 등등 옷 종류도 많다. 그러나 인도 옷은 무릎까지 내려오는 긴 티셔츠(까미즈)에 달라붙는 바지(샬와르)나 헐렁한 바지(펀자비)가 전부다. 이 세 가지만으로 모든 코디가 완성된다. 예를 들면, 상의는 핑크, 하의는 하늘색이라든가 노란색 상의에 초록색 하의 등으로 색상 대비 조합하여 한 벌씩 판다. 그러니 따로 코디할 필요도 없다. 샬와르 까미즈나 펀자비는 학교 교복으로도 쓰이고, 회사, 모임, 외출, 가사일 등 언제 어느 때나 입을 수 있어 실용적이며 얇은 면 소재라 시원하고 잘 마른다.

내 패션을 본 친구들과 가족들은 한마디씩 거들었다.

"한국에 오랜만에 놀러 오신 인도 관광객 복장인데?"

"우리 딸은 한국 옷을 입으면 너무 촌스러워. 아주 그냥 촌닭이야. 한국 옷보다 차라리 인도 옷이 잘 어울려. 아, 도대체 왜 이럴까?"

결국 엄마는 단단히 결심한 듯 촌티를 벗겨내겠다며 백화점으로 나를 데려갔다. 매장마다 깔끔한 하얀색, 검은색, 파란색 캐주얼 스타일부터 원피스들과 치마 정장 등 종류도 다양했다. 그러나 마음에 드는 옷이 단 한 개도 없었다. 엄마가 기꺼이 한 벌 사주시겠다는 데도 말이다. 엄마는 어떻게든 하나는 사주고야 말겠다고 발바닥에 불이 나도록 구석구석 빠짐없이 나를 끌고 다녔다. 하지만 역시나 허탕. 우리는 눈요기만 하다 끝내 빈손으로 집에 돌아왔다. 인도에서 옷을 사러 가면 수십 벌씩 골라 들고 아예 탈의실 하나를 점거하는 나인데 한국 옷은 왜 하나도 눈에 들어오질 않는 걸까? 나를 빨리 인도로 보내려는 신들의 음모가 틀림없었다.

인도에서 친구 시타와 쇼핑하기로 한 날. 나는 한국에서 쇼핑할 때와 인도에서 쇼핑할 때가 180도 다르다. 우리는 인도에서 제일 화려한 왕족들의 땅, 아름다운 성과 궁전의 도시 자이푸르에 와 있었다. 이곳은 인도의 혼수 쇼핑 1번지. 왕족 스타일을 생산하는 인도 최대의 쇼핑구역이다. 이곳이 온 세상 여자들의 눈과 마음을 사로잡을 만큼 유명세를 얻은 데는 다 이유가 있었다. 18세기 당시 감성과 지성을 골고루 갖춘 자이싱 2세 왕은 자이푸르를 인도 최고의 예술, 문화, 교육의 도시로 만들기로 결심했다. 그는 인도 전역의 미술, 조각, 음악, 각종 세공에 능한 예술가들을 자이푸르로 초대했고 그들이 마음껏 자신의 능력을 펼칠 수 있도록 정신적, 물질적 지원을 아끼지 않았다. 또한 진귀한 보물과 보석을 수집하길 좋아했던 왕을 위해 전 세계의 난다 긴다 하는 보석 상인들과 방물장수들이 자이푸르로 몰려들면서 시장에는 보석들과 귀한 비단, 공예품들이 넘쳐났다고 한다. 섬세하고 정교한 옷 세공 기술과 타의 추종을 불허하는 보석 세공 기술은 288년의 역사를 가진 자이푸르를 따라올 자가 없었다. 이곳이 과거엔 왕족과 귀족들을 위한 쇼핑 1번지였다면 지금은 호기심 많은 관광객을 위한 쇼핑 1번지다. 특히 여행자들의 눈을 휘둥그레지게 만드는 것은 상류층과 유명인들을 위한 최고급 보석과 각종 원단이다. 색색의 공예품과 생활용품, 인조보석도 인기가 높다. 주머니 가벼운 서민들을 위한 평상복도 생산한다. 결혼을 앞둔 여자들이 괜히 편한 자기 동네 놔두고 차 타고 비행기 타고 이 멀리까지 쇼핑하러 오는 게 아니다. 다 그만한 이유가 있는 것이다.

시타도 큰 맘 먹고 쇼핑을 나왔다. 다가오는 사촌 오빠 결혼식에 입을 파티용 사리와 액세서리를 살 요량으로 현금을 묵직하게 챙겨 왔다. 옷 구경도 구경이지만 내겐 시타가 더 신선한 구경거리였다. 식당 팁은커녕 거지들에게 1루피도 주지 않는 지독한 구두쇠라 불리는 말와리 계급인 그녀가 자기 자신한테 돈을 쓰는 걸 본 적이 없기 때문이었다. 아니나 다를까 역시 그녀의 두둑한 지갑은 몇 시간째 열릴 기미를 보이지 않은 채 조용하다. 열 곳이 넘는 가게를 돌며 펼쳐본 사리만 100벌이 넘었다. 한 가게에서는 최신 유행하는 사리란 사리는 다 꺼내 보고 걸쳐보았다. 살 것처럼 이것저것 물으며 꼼꼼히 보다가 휙 가게를 나서버리는 통에 함께 간 내가 다 민망할 지경이었다. 시타야말로 진상손님이 아닐까 심각히 우려했다. 하지만 옷 가게 직원들은 그리 대수롭게 생각하지 않는 거 같았다. 나라면 당장 소금을 한 됫박 뿌렸을 텐데 말이다. 그도 그럴 것이 허리에 감싸서 어깨와 머리까지 두르는 전통복 사리의 길이는 5미터가 넘는다. 손님들은 "저거 보여줘요. 이거 보여줘요. 다른 건 없어요?" 말 한 마디로 10벌도 50벌도 다 펼쳐보지만, 직원들은 5미터가 넘는 사리를 다시 접느라 눈코 뜰 새 없이 바빠진다. 2평짜리 사리 가게에 직원이 4~5명인 이유가 여기에 있었다. 가게마다 직원들의 가장 중요한 업무는 바로 사리 개는 일이었다. 시타는 이번에도 당연한 듯 사리란 사리는 다 달라고 한 뒤 눈앞에 수북이 쌓아놓고 요리조리 살펴보다 당당하게 문을 나섰다. 최고의 사리를 찾는다며 눈에서 레이저를 끝없이 방출했다. 마음에 드는 사리를 찾지 못한 시타와 마지막으로 간 곳은 3대에 걸쳐 옷에 예술을 입히고 있다는 유명 사리 가게였다. 금색 간판과 가게 전면 쇼 윈도우에 진열된 옷들에서 고급스런 아우라가 흘러나왔다. 가게에 들어서자 향긋한 재스민 향이 코끝을 스쳤다. 특유의 빨간 라자흐스탄 터번과 정갈한 콧수염을 기른 남자 직원이 환하게 웃으며 우릴 맞이했다. 부드러운 조명 아래 우리를 기다리고 있는 사리들도 한눈에 들어왔다.

"사리 보러 오셨죠? 이쪽으로 와서 앉으시죠."

"많이 지쳐 보이시네요? 마음에 드는 옷 고르기가 쉽지는 않죠?"

남자가 오른손을 들어 제스처를 취하자 다른 직원이 생수를 두 병 가져왔다. 그러고 보니 목마른 것도 까마득히 잊고 있었다. 남자는 이윽고 우리에게 원하는 색을 물어봤다. 벌컥벌컥 물을 들이켠 시타가 핑크색을 보여 달라고 했다.

"어떤 핑크색을 보여드릴까요?"

"장미핑크, 연핑크, 진핑크, 루비, 살몬핑크, 코럴핑크, 체리핑크…. 어떤 걸 원하시죠?"

시타는 이런 물음이 익숙하다는 듯 태연하게 말했다.

"장미핑크에 하늘빛 투톤으로 그러데이션된 거 보여주세요. 실크 소재와 시폰 소재로만 보여주세요. 빨강색도 보여주시고요."

"어떤 빨강요? 진홍색, 심홍색, 연홍색, 검붉은색, 주홍색, 레드바이올렛, 마룬이 있어요."

"신부 웨딩 사리가 빨강색이니 그것보다 좀 더 밝은 주홍색이나 연홍색이 괜찮겠네요."

남자 직원은 콧수염을 한번 올려주고는 이내 빠른 속도로 사리들을 하나하나 펼치기 시작했다.

"이건 요즘 제일 잘 나가는 바라나시 실크로 만들었어요. 심홍색 핑크와 하늘색이 절묘한 조화를 이루죠. 자세히 보시면 자이푸르 염색 기법으로 연분홍 사각무늬가 연달아 들어가 있어요. 사리 가장자리엔 금색 실크로 연꽃 모양 수를 놓았고요. 블라우스의 색은 에메랄드 블루고 금색 실크와 은색 실크로 다이아몬드 문양을 고급스럽게 넣었어요. 이 사리는 발랄하면서 요염한 느낌을 지녔죠."

"이 사리는 어떠세요? 영화 람릴라에서 여배우 디피카 파둑이 입었던 디자인이에요."

"주홍색 블라우스에 금색 실크로 금장 다이아몬드 모양이 정교하게 수 놓여 있고 시폰 소재의 아랫단은 진초록 바탕에 붉은 실크로 자이푸르 왕권의 꽃 문양을 넣었습니다. 문양 안에는 검은 크리스털을 촘촘히 박아 마치 별들을 뿌려놓은 것처럼 반짝인답니다. 밑 기단과 블라우스 가장자리엔 금실을 달아 화려하면서도 우아한 분위기를 풍기게 연출했습니다."

남자의 말이 들리기나 하는 건지 시타는 눈앞에 펼쳐놓은 사리에 정신을 쏙 빼앗긴 거 같았다. 그는 계속 말을 이어갔다.

"젊은 여성들은 밝은 원색의 시폰 소재도 많이 찾아요. 벨벳과 실크 혼합도 고급스러워 보여 잘 나가고요. 더 화려한 느낌을 원하는 분들을 위해 추가로 레이스, 리본, 크리스털, 비즈 장식, 원하시는 대로 달아드려요."

"입어볼게요."

갑자기 얼굴에 화색이 돈 시타가 일어섰다. 남자 직원이 능숙한 솜씨로 시타의 허리춤에 사리를 묶고 한 바퀴 돌려 상체 위로 사리를 감았다. 나도 영롱한 빛을 발하는 크리스털과 진주 스팽글에 금색 다이아몬드 문양이 정교하게 들어간 사리를 하나 집었다. 영화배우 카트리나 카이프가 입었던 디자인이라고 했다. 시타도 나도 사리를 걸치고 통 거울 앞에 섰다.

난 시타를 위 아래로 쳐다보며 놀리듯 말했다.

"누구시죠? 어디 출신 공주이신가요? 전부터 이리 아름다우셨는지요? (예혜 꺼온해 이뜨니 쑨다르 마하라니 까항 쎄 아이? 뚬 뻬헬레비 이뜨니 쿱스라쁘 티?)"

"당신, 그렇게 계속 날 보다간 나에게 빠져버릴 걸요? (아가르 뚬 무제 윤 히 덱띠 라히 또 뚬헤 무쎄 삐야르 호 자에기?)"

우린 서로를 마주보며 농담을 주고받았다.

옷이 날개라더니 어쩌면 그 말은 인도에서 나온 말이 틀림없다. 금장식과 스팽글의 사리는 꽤 묵직했다. 사리를 잘못 밟기라도 했다간 앞으로 넘어지기 십상이었다. 그러나 무거우면 어떠랴. 공주가 될 수 있는 기회인데, 그까짓 불편함은 감수해야지! 콧수염 직원의 대활약으로 시타의 지갑이 드디어 열리고 덩달아 내 지갑의 현금도 미끄러지듯 그의 손에 들어갔다. 재봉사가 우리 사이즈를 재고 사리는 내일까지 재단해주겠다고 했다.

가게를 나서며 우리 두 여자는 날아갈 듯 기분이 좋아졌다. 반나절 동안 쌓인 피로는 온데간데없이 사라졌다. 이래서 여자는 쇼핑을 하는 건가 보다. 한국에서는 도통 느낄 수 없었던 행복이었다. 구두쇠 시타가 오늘 같이 나와 줘서 너무 고마웠다며 자이푸르 대표 음식인 달 바띠를 한턱 내겠다고 했다. 식당에 앉아 담백한 달 바띠를 나눠 먹으며 시타가 말했다.

"난 인도 옷에 영혼이 담겨 있다고 믿어. 한 땀 한 땀 정성을 담아 만들지. 염색도, 장식을 다는 일도 여전히 수작업이 많아. 수많은 색상과 디자인 중에 마음에 드는 걸 찾으면 보물을 찾은 것처럼 신나. 내 몸에 맞게 재단해서 나에게 오기까지 기다리는 시간도 설렘이자 기쁨이지. 그래서 사리 한 벌 한 벌에 애정이 생겨. 수많은 사리 가게와 수천 개의 사리들 중 내가 찾아낸 보물. 지금까지 내가 오기만을 기다려온 보물을 찾은 것 같은 느낌이 들거든. 이렇게 멋진 드레스를 입고 수백 명 앞에 서면 진짜 공주가 된 거 같아. 그건 경험해본 사람만이 알아. 난 인도 여자로 태어날 수 있게 해주신 신께 감사해."

"나도 신께 감사드려야겠는걸? 앞으로도 멋진 인도 옷 많이 입게 해주세요! 옴 나마 시바야."

거지와
오믈렛

길거리 곳곳, 기차역 사이마다 1평짜리 이동식 오믈렛 매대를 쉽게 볼 수 있다. 그 위엔 휴대용 버너와 가스, 차곡차곡 쌓인 식빵봉지들, 판으로 겹겹이 올린 계란판, 토마토, 양파, 고추, 고수, 향신료 통, 소금, 후추 마지막으로 오일과 포장용 신문지까지 장사에 필요한 재료와 물건들이 빈틈없이 채워져 있었다. 오믈렛 아저씨가 스테인리스 그릇 혹은 컵에 '탁탁' 계란을 깨 넣고 그 안에 갖은 야채와 향신료들을 넣은 뒤 수저로 반동을 주며 젓는다. 잘 섞인 재료를 기름으로 달군 팬에 올리면 지글지글 소리를 내며 익어간다. 계란이 흐르지 않게 익을 때쯤 팬을 한 번 튕기면 오믈렛이 하늘로 튀면서 노르스름하게 익은 쪽이 드러난다. 보기만 해도 입에 저절로 군침이 돈다. 그 위에 식빵 두 개를 올리고 살짝 구운 뒤 계란을 얹으면 뜨 끈뜨끈 맛난 오믈렛 완성이다. 이 오믈렛은 적은 돈으로도 포 만감을 주기 때문에 출출한 인도인들과 배고픈 여행자들에게 둘도 없이 소중한 간식이다. 지금까지 내가 먹은 오믈렛만도 아마 수백 개는 될 듯하다. 그중 뱃속만이 아니라 마음까지 따 뜻하게 만들어준 오믈렛이 있다.

첫 번째 오믈렛

바라나시 기차역. 찬바람 쌩쌩 부는 플랫폼에 앉은 지 벌써 네 시간. 언제나 그렇지만, 연착한다는 메시지 외에는 몇 시간 뒤에 올지 어디쯤 기차가 와 있는지 도무지 알 길이 없는 상황 이었다. 열차를 기다리다 지친 사람들의 얼굴. 연착 두 시간까 지는 그래도 '얼마나 연착이래요? 언제 온대요?' 꽤 열심히 묻 는다. 그러나 그 이상이 되면 결국 묻는 것도 포기한 채 조용 해진다. 그렇게 한 곳에 도 닭듯 쭈그리고 앉아 있으면 초대하 지 않은 사람들이 많이 다가온다. 바나나 장수, 신문 장수, 짜 이 장수. 그래도 장사꾼들은 좀 낫다. 물건에 관심을 안 보이면 조용히 사라지니까 말이다. 하지만 거지들은 돈을 줄 때까지 버티겠다는 각오로 다가온다. 대부분 인상을 잔뜩 찌푸리고 우는 소리를 내며 돈을 달라고 눈앞에서 손을 흔들어대거나 배가 고프다는 표시로 자신의 입과 배에 번갈아가며 손을 갖다 댄다. 오늘은 구제 스타일의 다 찢어진 청바지와 점퍼, 헝클어진 머리에 며칠 씻지도 않은 듯 꾀죄죄하고 삐쩍 마른 남자아이 둘이 내 앞에 나타났다. 아홉 살은 되어 보였다. 그중 한 애는 자기보다 큰 포대자루를 들고 서 있었다. 아이들은 이내 우는 소리를 내며 우리 팀원들 주위를 맴돌았다. 이때 한 손님이 날 불렀다.

"아샤, 얘네 좀 어떻게 해봐, 귀찮아 죽겠어. 벌써 5분째 안 가고 있어."

손님의 당황스런 목소리에 내가 아이들을 불렀다.

"애들아, 이리로 와 봐. (밧쩨, 이다르 아오)."

애들이 냉큼 내게로 달려왔다. 그리고는 이내 슬픈 표정을 지으며 배를 문질렀다.

"너희 뭐가 필요하니?"

"먹을 거."

"네가 좋아하는 음식이 뭐야?"

"치킨 카레, 계란 오믈렛."

"그래? 좋아, 우리 같이 가서 계란 오믈렛 먹자."

우는 소리를 내던 아이들의 얼굴에 환한 웃음꽃이 폈다. 오믈렛의 힘이 크긴 큰가 보았다.

'안 그래도 출출했는데 애들 덕분에 나도 배 좀 채워야겠군.'

나는 아이들과 오믈렛 가게로 향했다.

포댓자루를 든 아이는 걸어가면서도 플라스틱 병이 보이면 주워 담았다. 난 아이들과 같이 걸으며 궁금한 걸 물어보았다.

"이름이 뭐야?"

"쿨딥."

포댓자루를 든 남자애가 형 '쿨딥'이고 열 살이란다. 다른 아이는 두 살 아래 동생 '라훌'. 라훌은 전형적인 까불이 타입이고 쿨딥은 좀 차분하고 의젓한 느낌이었다.

"너희들 꿈이 뭐야?"

쿨딥에게 묻자 내 질문을 기다렸다는 듯이 그가 대답했다.

"살만칸(인도의 유명한 영화배우)."

"에잉? 왜 살만칸이 되고 싶은데?"

"살만칸처럼 부자가 돼서 엄마랑 동생들이랑 맛있는 거 배부르게 먹고 싶어."

"살만칸이 되려면 어떻게 해야 하는지 알아?"

"어떻게?"

안 그래도 큰 쿨딥의 눈이 더 커졌다.

"학교를 가서 공부를 열심히 해야 해. 학교는 다니고 있어?"

"1학년 하고 그만두었어."

"왜?"

"아버지가 돌아가셨거든. 엄마 도와드리려고 학교를 그만두고 플라스틱을 줍고 있어."

"쿨딥, 정말 힘들겠다. 이해해. 누나도 아버지가 안 계시거든."

"정말?"

쿨딥이 놀란 표정을 지었다.

"응, 누나도 아버지가 돌아가신 뒤에 너무 힘들었어. 하지만 공부를 계속 했지. 그래야 우리 가족들에게 맛있는 걸 사줄 수 있으니까. 공부를 한 덕에 이 일을 구할 수 있었고 가족들과 맛있는 것도 먹고, 쿨딥 같은 멋진 애랑 맛있는 오믈렛도 나눠 먹을 수 있는 거야."

이윽고 오믈렛 매대 앞에 다다르자 난 아이들을 나무 아래 벤치에 앉혔다.

"누나가 오믈렛 사가지고 올게. 여기서 기다릴래?"

매대에서 내가 주문을 하는 동안 아이들은 계속 내 쪽을 쳐다보았다. 그 눈에는 기대와 설렘이 가득했다. 갓 나온 따뜻한 오믈렛을 아이들에게 건네니 그제야 함박웃음을 지었다. 아이들의 찡그린 얼굴을 봤던 게 고작 10분 전인데 금세 세상에서 제일 행복한 표정을 지었다.

"그렇게 오믈렛이 맛있어?"

내가 묻자, 입에 케첩을 잔뜩 묻힌 라훌이 신이 나서 말했다.

"세상에서 제일 맛있어."

녀석은 작은 손으로 뜨거운 오믈렛을 호호 불어가며 허겁지겁 먹었다. 나는 휴지를 꺼내 아이들의 입과 손을 닦아주었다. 그리고 쿨딥과 라훌의 손을 잡고 말했다.

"쿨딥, 라훌! 오믈렛 더 먹을래?"

내 물음에 라훌이 고개를 끄덕인 반면 쿨딥은 괜찮다고 말했다.

"아니, 누나. 우리는 괜찮아. 그런데 누나만 괜찮다면 오믈렛 하나만 더 사줄 수 있어? 엄마한테 주고 싶거든."

"응, 당연하지."

난 오믈렛을 세 개 더 사서 쿨딥 손에 쥐어주며 말했다.

"살만칸이 되기 위해 공부를 계속 하겠다고 누나랑 약속해 줄래?"

"응!"

쿨딥이 힘차게 대답했다.

"쿨딥이 살만칸처럼 유명해지면 누나가 싸인 받으러 갈 거야. 그땐 쿨딥이 누나한테 맛있는 오믈렛 사줘야 돼. 알았지?"

쿨딥은 고개를 크게 끄덕이며 환하게 웃었다.

고맙다며 연신 인사를 하고 다시 길을 떠나는 아이들. 포댓자루를 한쪽 어깨에 멘 쿨딥과 신난 라훌은 몇 번이고 날 향해 뒤돌아보며 손을 흔들었다.

두 번째 오믈렛

어둠이 내려앉은 저녁. 버스를 기다리는 중이었다. 9시 반에 온다던 버스는 깜깜 무소식이었다. 언제 오냐는 내 물음에 버스 회사 직원은 "오는 중이야." 이 소리만 태연히 반복했다. 그래, 오는 중이긴 하겠지…. 그래도 기차역 바닥에 앉아 기다리는 것보다 앉을 의자라도 있는 게 어디냐며 스스로를 위로했다. 멍 때리며 앉아 있는 내게로 꼬맹이 삼 남매가 왔다. 키가 순서대로 도레미였다. 딱 봐도 가족인 게 분명했다. 헝클어진 머리에 제일 키가 큰 여자애가 첫째고 그다음이 맨발 차림의 둘째 여동생이고 콧물 흘린 자국에 똘똘하게 생긴 사내 녀

264

석이 막내인 듯했다. 그중 먼저 내게 말을 건 아이는 첫째였다. 금방이라도 울 것 같은 표정과 슬픈 톤의 목소리였다.

"언니, 나 배고파요. 먹을 것 좀 줘요(디디, 무제 부크 라기해. 꾸츠 또 킬라도)."

'옳거니! 안 그래도 심심했는데 잘됐다. 얘네랑 놀아볼까' 하는 요량으로 난 연기를 시작했다.

"흑흑흑흑흑흑!"

난 대답 대신 두 손으로 얼굴을 가리며 아이들 앞에서 흐느끼는 시늉을 했다.

"무슨 일이야(꺄후와)?"

첫째가 깜짝 놀라며 물었다.

"흑흑, 나도 배가 너무 고파. 하루 종일 아무것도 못 먹었어."

아이들이 깜짝 놀랐다.

"잠깐만…"

심각해진 첫째가 손을 주머니에 넣고 잠시 부스럭거리더니 뭔가를 꺼냈다. 과자 봉투였다.

"자, 이거 먹어봐."

난 아이가 건네는 과자 봉투에서 과자를 조금 꺼내 먹었다.

"못 먹겠어. 너무 짜."

소금 범벅이 과자였다.

"그래?"

난처한 표정의 아이가 둘째에게 물었다.

"먹을 거 가진 거 있니(떼레 빠스 꺄 해)?"

둘째도 주섬주섬 주머니를 뒤지기 시작했다. 하얀 봉지에 싸인 사탕이 두 알 나왔다. 둘째는 환한 표정으로 사탕을 내게 건넸다. 나는 사탕 봉지를 뜯어 알맹이를 입에 넣으며 잠시 생각에 잠긴 듯한 표정을 지었다. 첫째와 둘째는 가만히 날 주시하고 셋째는 멀뚱멀뚱 콧물만 흘리고 있었다.

"이건 너무 달아서 못 먹겠어. 또 다른 거 없어?"

이번엔 첫째가 콧물 범벅 셋째의 손에 들려 있던 과자를 내게 내밀었다. 이번에도 맛을 보며 생각에 잠기자 아이들이 긴장한 듯 나를 쳐다보았다. 짧은 정적이 흐르고, 내가 방긋 웃으며 말했다.

"음~. 이건 맛있네!"

내 반응에 아이들 셋이 신이 나서 웃었다. 둘째는 방방 뛰기까지 했다. 첫째가 과자 봉지를 들이밀며 더 먹으라고 했다.

"내가 다 먹어도 돼?"

"웅! 언니는 오늘 아무것도 못 먹었잖아. 우리는 구걸해서 또 얻으면 돼."

난 순간 얼어버렸다. 순수하게 내가 하는 말을 믿고 날 걱정해주는 아이들의 마음에 가슴이 뭉클해졌다. 난 첫째의 손을 잡으며 말했다.

"맛있긴 한데 이걸론 배가 안 차겠어. 너희들 언니랑 오믈렛 먹으러 갈래?"

"오믈렛!"

애들 셋이 방방 뛰기 시작했다. 둘째는 "오믈렛, 오믈렛!" 소리를 지르며 벌써 저만치 뛰어갔다. 첫째가 셋째 손을 꼭 잡고 내 옆에 붙어 걸었다. 둘째는 못 참겠다는 듯 손을 흔들며 빨리 오라고 재촉했다. 아이 셋과 오믈렛 가게에 도착했다. 방금 만든 따뜻한 오믈렛을 받은 둘째가 재빨리 한입 베어 물었다.

"아, 너무 맛있어. 매일 오믈렛만 먹으며 살고 싶어."

셋째는 오물거리며 조용히 먹었다. 오믈렛을 다 먹은 후 헤어지려는데 첫째가 내 손을 살며시 잡고 말했다.

"언니, 이제 배불러?"

내가 고개를 끄덕이자, 첫째는 나직하게 혼잣말을 했다.

"다행이다."

수줍게 말하는 아이가 예뻐서 나는 꽉 안아주었다. 둘째도 소리쳤다.

"나도 배불러!"

셋째도 자기 배를 내밀고 두드리는 시늉을 했다. 오믈렛이 뜨겁게 목구멍을 타고 들어갈 때처럼 가슴이 뜨겁게 뭉클했다. 아이들의 천진난만한 미소가 마음 속 깊은 곳까지 밀려들어 왔다. 세상에서 가장 아름다운 미소를 가진 천사들에게 오믈렛은 최고의 음식이다. 오믈렛 하나로 인생은 더할 수 없을 만큼 행복해진다.

히말라야
우리 집

어느 날 인도를 여행 중인 미국 남자에게 생각지도 못한 고백을 받은 적이 있었다. 잔잔하게 흔들리던 호수 위에 보름달이 운치 있게 뜬 어느 날 밤이었다. 우리는 아지랑이 피듯 유유히 날아다니는 반딧불들을 바라보며 한참 동안 말없이 앉아 있었다. 시간이 멈춘 것 같은 고요함 속에 강바람이 부드럽게 불어오던 그날, 그가 처음으로 내 손을 잡았다.

내 심장은 콩닥거리고 얼굴은 벌겋게 달아올랐다. 그가 힘겹게 입을 떼며 고백했다.

"아샤, 너와 사랑에 빠진 거 같아."

부끄러웠던 나는 수줍게 몸을 꼬며 남자에게 물었다.

"만난 지 이틀밖에 안 됐는데… 너무 빠른 거 같아. 넌 내 어디가 좋아?"

그가 한 손으로 내 얼굴을 어루만지며 말했다.

"넌 정말 아름다워. 난 너의 작고 찢어진 눈, 툭 튀어나온 광대뼈, 낮고 작은 코, 핏기 없는 입술, 납작한 얼굴이 좋아."

낭만의 밤이 와장창 깨지는 소리가 들렸다. 그의 고백은 설렘으로 달아오른 내 마음에 찬물을 끼었었다. 난 호수가 떠나갈 듯이 박장대소했고 웃음을 멈추지 못해 눈물까지 흘렸다.

그의 입체적인 얼굴과는 다르게 내 얼굴은 중국 가면 중국인, 몽골 가면 몽골인, 티베트 가면 티베트인, 대만 가면 대만인으로 보였다. 딱 전형적이고 흔한 동양인 얼굴이다. 당연히 인도에 가면 나는 자연스레 인도인이 되었다. 처음에는 농담하는 줄 알았다. 인도인 하면 커피색 피부에 튀어나올 듯이 큰 눈, 부리부리한 코, 검은 머리가 특징 아닌가. 하지만 13억 인구, 다양한 인종, 언어, 종교, 문화를 지닌 인도에서는 나도 인도인의 범주 안에 속했다. 인도 전체 인구의 2퍼센트는 우리와 같은 몽골 계통의 민족이다. 대개 북부 히말라야 일대와 북동부 미얀마 국경지대 근처에 살고 있는 사람들이다. 이들은 본인들만의 고유한 전통과 문화를 간직하며 살고 있는 인도 내 소수민족들이다. 그들과 나는 생김새부터가 매우 닮았다. 여행 중 우연히 가족의 인연을 맺게 된 우리는 아주 오래전부터 이미 가족이었던 것처럼 자연스럽게 가까워졌다.

눈 덮인 히말라야를 지나 리틀 티베트라 불리는 라다크. 그곳은 인도에서 유일한 내 안식처이다. 해발 3,500미터에 위치한 히말라야 마을 레. 그곳에 우리 집이 있다.

"엄마(아말레)!"

"아샤, 우리 딸 멀리까지 오느라 많이 힘들었지?"

"엄마! 그동안 잘 지냈죠?"

난 엄마 품에 안겨 한참 동안 엄마 손을 놓지 못했다. 엄마의 품에서 난 철없는 아이가 된다. 집에 도착하니 온기가 느껴졌다. 엄마는 내가 추울까 봐 거실 한가운데 놓인 원통형 철제 난로에 나무 장작을 넣고 석유를 조금 뿌려 불을 지폈다.

"배고프지? 우리 아샤 좋아하는 감비르도 재워놨어. 조금만 기다려. 엄마가 금방 만들어줄게."

두툼한 양털 카펫 위에 앉아 오빠가 건넨 구루구루 짜이를 홀짝거리며 집을 천천히 훑어보았다. 기다란 버드나무 가지가 진흙 천장을 겹겹이 받치고 있고 한쪽 벽면을 차지하는 유

리창으로 햇살이 내리쬐였다. 한쪽 벽 선반 위에는 반짝거리는 양은그릇들과 전통문양이 새겨진 컵들이 나란히 놓여 있었다. 낮은 촉쉐(전통 테이블) 위에 잔을 내려놓으면 오빠가 재빠르게 차를 다시 채워주었다. 라다크에서는 잔이 비워질 틈이 없었다. 계속 채워주는 걸 받아먹다 보면 몇 잔째 마시고 있는 건지 가늠하기 어려웠다. 아침이 되면 일찍부터 밤색 곤차(전통 드레스)를 입은 엄마가 나를 위해 식사를 준비했다. 언제나 변함없는 집안 풍경. 한결같은 엄마의 사랑. 가족들의 애정. 갑자기 벅찬 감동에 눈물이 나려고 했다. 누군가에게 충분히 사랑을 받고 있다는 것은 언제나 가장 큰 행복이다.

지금으로부터 9년 전. 나는 홀로 인도를 여행 중이었다. 정신없는 인도 중부와 남부를 여행한 뒤 도착한 히말라야. 천국 같은 라다크에서의 한 달을 보내고 난 다시 길을 떠날 채비를 했다.

똑똑! 노크 소리에 문을 열어보니 문 앞에 아발레와 아말레가 서 있었다. 항상 맑고 순수한 웃음을 건네던 아빠. 그 옆에서 따뜻하게 웃어주던 엄마. 그런데 그날 두 분의 얼굴은 그리 밝지 않았다. 아발레는 나에게 편지 봉투와 세 개의 잘 포장된 선물꾸러미를 건넸다.

"아는 사람에게 부탁해 편지를 썼어."

눈시울이 붉어진 아빠가 내 목에 까닥(무사안녕을 고하는 히말라야 전통 스카프)을 걸어주셨다. 우리는 서로를 껴안았다. 아말레도 울면서 나를 껴안았다.

"다시 만나자(피르밀렝게 아샤)."

가슴 아픈 이별을 뒤로 한 채 나는 대기하고 있던 택시에 올라탔다. 택시가 출발하자 히말라야의 우리 집이 조금씩 멀어졌다. 난 뒤를 돌아보며 계속 손을 흔들었다. 아빠와 엄마도 흐느끼며 계속 손을 흔들었다. 우리는 서로의 모습이 점처럼 멀리 사라질 때까지 그렇게 하염없이 손을 흔들었다. 택시가 버스정류장 가는 길로 들어서고 나서야 난 아빠가 내 손에 쥐어준 편지를 꺼냈다. 그리고 천천히, 아주 천천히 아껴가며 편지를 읽었다.

사랑하는 내 딸.

널 알게 되어 너무 행복했어. 우리는 너를 진짜 딸이라고 생각한단다. 너 같이 사랑스러운 아이를 딸로 갖게 되어 얼마나 행복한지 모를 거야. 벌써부터 네가 그리워지는구나. 우리를 절대 잊지 말거라. 언제든 집으로 오거라. 필요한 게 있으면 편지를 쓰렴. 이건 우리가 딸을 위해 준비한 작은 선물이란다. 네가 좋아하길 바란다.

라다크의 아빠, 엄마로부터.

눈물이 주르륵 흘렀다. 문장 하나하나, 단어 하나하나에서 부모님의 따뜻한 진심이 느껴졌다. 가슴이 뜨거워졌다. 눈물이 멈추지 않았다. 영어를 모르는 부모님이 다른 사람에게 부탁해 쓴 편지. 그렇게 시작된 우리의 인연은 9년 동안 변함없이 이어졌다.

"아샤 앙모, 오늘 하루는 어디 나갈 생각 말고 집에 있도록 해. 고산증이 오면 안 되니까 말이야."

큰오빠가 걱정스런 말투로 말했다.

"오빠도 참, 내가 관광객이야? 동네 사람이 고산증이 왜 와?"

"그래도 조심해서 나쁠 거 없잖아."

"아샤, 오빠 말 들어. 오늘은 아무 생각 없이 푹 쉬고 이따 전기 들어오면 텔레비전도 보고 그래."

엄마가 갓 구운 감비르(라다크 전통 빵)를 접시에 담으며 말했다. 뜨거운 걸 잘 못 만지는 나를 위해 엄마는 감비르를 반으로 열어 그 안에 버터를 한 스푼 듬뿍 발라주었다. 뜨거운 온기에 버터가 금세 녹아내렸다. 나는 구루구루 짜이에 버터를 조금 넣고 감비르를 뜯어 먹었다. 부드러운 버터 향과 따뜻한 빵의 온기에 온몸이 녹아내리며 기분이 좋아졌다. 그때 갑자기 문이 열리고 사랑하는 셋째 남동생이 등장했다.

"누나 왔어?"

동생 품에 잘생긴 왕자님이 안겨 있었다.

"지미야! 어디 봐. 내 조카 좀 보자. 아이고, 예뻐."

태어난 지 6개월. 아기의 맑은 두 눈망울을 바라보고 있자니 행복이란 놈이 저절로 저벅저벅 걸어들어오는 것만 같았다.

"아샤 앙모!!"

문을 박차고 들어오는 돌까르와 쿠내, 누르부. 다들 달려와 나를 꼭 껴안고는 경쾌한 라다크식 인사를 건넸다.

"잘 지냈어?(줄레, 캄상 이날레)?"

갑자기 거실이 사람들로 꽉 차고 시끌벅적해졌다. 우리는 구루구루 짜이를 마시며 그동안의 안부를 물었다. 영하 30도의 추위도 순식간에 녹여버리는 내 가족들. 나는 따뜻한 히말라야의 우리 집이 너무 좋았다.

바보 도둑

먼지투성이 델리에서 내 코와 기관지는 매일매일 고통에 시달렸다. 꺼뭇꺼뭇한 콧물을 달고 살았고 자주 염증을 일으켰다. 수시로 물을 마시면서 먼지를 씻어내려 노력했지만 눈에 보이지 않는 먼지와의 사투는 쉽게 끝나지 않았다. 흙먼지 뒤집어쓴 운동화도 줄기차게 빨아대야만 했다. 아무리 자주 빨아도 돌아서면 또 금세 꼬질꼬질 검댕이가 되기 일쑤였다.

"일요일 아침부터 이게 웬 중노동인지!"

몇 번씩 헹궈도 구정물이 줄줄 흘렀다. 한 번만 더, 한 번만 더 되뇌다 결국 다섯 번을 헹궜다. 시커멓던 운동화가 그제야 제 빛깔을 되찾았다. 나는 운동화와 끈 두 개, 밑창 두 개까지 챙겨들고 나와 그것들을 베란다 발코니에 가지런히 놓았다.

'아차! 눈에 안 띄게 놓아야지!'

나는 의자를 끌어다가 그 위에 운동화를 올렸다. 의자 등받이에 가려 밖에서는 운동화가 보이지 않도록 특별히 신경 썼다. 그리곤 잠시 약속이 있어 밖에 나갔다가 해가 뉘엿뉘엿 질 무렵 집으로 돌아왔다. 뽀얗게 빨아놓은 운동화가 인도 비누 향을 폴폴 풍기며 뜨거운 햇빛 아래서 잘 말라 있을 생각을 하니 괜히 기분이 좋아졌다. 나는 집에 오자마자 베란다 문을 열었다. 하지만 운동화는 보이지 않았다. 감쪽같이 사라졌다. 혹시나 집에 도둑이 들었나 싶어 집 안 곳곳을 확인해보았다. 현금도, 컴퓨터도 모든 게 다 그대로였다.

아무리 생각해도 이상했다. 운동화 밑창 1개와 끈 2개는 그대로 남아 있었기 때문이었다. 또 우리 집이 길가에 위치한 빌라이긴 했지만 꽤 높은 2층이었고, 타고 올라올 만한 것이 아무것도 없었기 때문이었다. 맞은편 건물과의 거리도 꽤 멀어서 넘어온다는 것도 불가능한 상황이었다. 장대높이뛰기 선수도 아닐 테고 미션 임파서블의 주인공도 아닐 텐데, 외줄을 타고 반대편에서 넘어올 수는 없잖은가 말이다. 더군다나 다른 건물에서 우리 집 베란다에 놓인 의자 안쪽의 운동화까지 보일 리는 만무했다. 걸리버 여행기에 나오는 걸리버의 동생뻘 되는 거인이 잠깐 우리 집에 들러 깨끗이 빨아놓은 나의 운동화를 슬쩍 집어갔단 말인가? 그 역시 터무니없었다. 더군다나 도대체 밑창은 왜 또 한 개만 가져간 걸까? 가져가려면 다 가져가야지. 밑창 없는 운동화, 끈 없는 운동화를 어떻게 신겠다고! 아무리 생각해도 수수께끼, 미스터리였다.

하나밖에 없는 운동화를 잃어버린 극한의 우울함을 달래고자, 나는 우리 동네 사랑방인 라제쉬네로 발길을 돌렸다. 안으로 들어서면서 나는 "짜이 한 잔(엑 짜이)."하고 힘없이 말했다. 축 처진 내 말투에서 이상한 낌새를 눈치 챈 라제쉬가 짜이를 건네며 물었다.

"무슨 일이야? 아샤?"

"내 운동화가 사라졌어. 오늘 아침에 빨아서 베란다에 뒀는데 흔적도 없이 사라졌어. 더러워도 빨지 말았어야 했어. 근데 멍청한 도둑놈이 밑창을 하나만 들고 갔어. 나머지 밑창 하나랑 신발 끈은 놔두고 말이야."

내 말이 끝나자마자 라제쉬는 깔깔거리며 웃었다. 라제쉬의 반응에 약이 오른 내가 윽박질렀다.

"웃긴 왜 웃어! 남은 속상해 죽겠는데!"

"미안, 아샤. 너도 당했구나 싶어서."

"당하다니? 그럼, 라제쉬 너도?"

"아니, 나 말고 동네 사람들 말이야. 그러니까… 음…. 아샤 네가 네 번째 피해자야. 재미있는 건, 피해자 네 명 중에 세 명이 모두 2층 집에 산다는 것이고, 도둑은 뭔가 수상한 증거를 남겼다는 거야. 비제이는 베란다에 바지와 셔츠를 두었는데 셔츠만 잃어버렸고, 슈퍼마켓 집 미나는 모자 두 개 중 한 개만 사라졌고, 모한은 양말 두 벌을 널어놓았는데 짝짝이로 한 짝씩 잃어버렸대. 뭔가 이상하지 않아?"

"그 도둑, 바보 아냐?"

어수룩한 도둑의 행동에 나는 하도 어이가 없어서 피식 웃음이 났다.

그로부터 일주일 뒤, 우리 동네 정보통인 라제쉬가 도둑이 잡혔다는 소식을 내게 전해주었다.

"아샤! 범인을 잡았어."

"정말? 누가 범인이야?"

"꼬리가 긴 사람!"

"엥?? 장난하지 말고. 누군데?"

"요즘 우리 동네에 자주 돌아다니는 원숭이 묘기 장수 말이야. 너도 알지? 그 사람이 원숭이를 이용해서 물건을 훔쳐왔다고 하더라고. 그 사람 그런 식으로 여러 동네를 털었나 봐. 전과가 상당하던데?"

나도 몇 번 그를 본 적이 있었다. 고물 자전거 뒷좌석에 목끈을 맨 원숭이 한 마리를 태우고 다니던 그 사람. 내가 곁을 지나갈 때면 "재미있는 거 보여줄까?" 꼬드기며 멈춰 서서는 원숭이에게 손짓을 하곤 했다. 그럼 원숭이는 자전거에서 내려와 물구나무서기도 하고 점프도 하며 묘기를 부렸다. 잠깐이라도 서서 그걸 보면 그는 어김없이 관람료를 요구했다. 재주는 원숭이가 부리고 돈은 아저씨가 챙겼다.

'죄 없는 원숭이가 주인을 잘못 만나 바보 도둑이 되었구나.'

나도 모르게 혀를 끌끌 찼다. 아저씨는 자기가 물건을 훔친 게 아니라 원숭이가 훔쳤으니 벌은 원숭이가 받아야 한다며 발뺌을 했다. 사람들은 모두들 괘씸한 사람이라고 흉을 보았다. 원숭이에게 모든 책임을 돌리는 사기꾼이라니. 인도에서 산다는 건 매일 매일 흥미진진했다. 놀랍고 알쏭달쏭한 사건의 연속이었다.

내 마음 속에
새긴 문신

우연히 만난 젊은 영국인은 한국에서 일 년 동안 영어를 가르친 뒤 그 돈으로 인도를 여행 중인 사람이었다. 어느 날 그가 나에게 물었다.

"타지에 나와 있으면 한국 음식이 많이 먹고 싶겠어요?"

"그렇긴 하죠. 그래도 인도 음식이 입에 맞으니 얼마나 다행인지 모르겠어요. 안 그랬으면 지금 저는 벌써 한국으로 돌아갔겠죠."

"한국인이면 김치 좋아하겠네요?"

"너무 좋아하죠! 없어서 못 먹죠. 김치 먹어본 지도 참 오래되었네요!"

어깨를 축 떨어뜨리며 내가 대답하자 그가 환하게 웃으며
말했다.

"저한테 김치가 있는데…"

"당신에게 김치가 있다고요? 김치를 들고 여행을 하는 거
예요? 한국에서 가져왔어요? 어떻게 김치를 들고 여행을 해
요? 이럴 수가!"

나는 도저히 믿기 어려웠다. 놀라움을 금치 못하는 내게 그
가 멋쩍게 웃으며 대답했다.

"생각만큼 무겁지는 않아요. 제가 가진 김치는 냄새도 안 나
고 말이죠!"

"여행자에겐 물병 하나도 짐인데 안 무겁다니 신기하네요.
그런데 냄새는 왜 안나요? 밀봉을 꽉 하셨나? 그나저나 갑자
기 김치 이야기하니까 김치가 먹고 싶어지네요. 저에게 조금
기부하실 생각 없어요?"

내 말에 그는 잠시 고민하는 표정을 지으며 말했다. "나눠
드리고 싶지만 그렇게는 안 될 거 같아요. 제 김치는 엄청 특
별하거든요. 비싼 돈 주고 얻은 거기도 하고요. 제 김치 한 번
보실래요?"

"엇? 항상 들고 다녀요?"

"네. 항상 함께 하죠!"

남자는 가방을 내려놓으며 흠흠, 헛기침을 몇 번 했다. 나는 뜸을 들이는 그를 바라보며 마른 침을 삼켰다. 그가 내려놓은 가방 속에서 김치의 빨간 속살을 보게 될 것이라 잔뜩 기대에 찼다. 그러나 나의 예상과는 달리 그의 손이 향한 곳은 그 자신의 왼쪽 팔뚝이었다. 그가 소매를 위로 걷어 올리자 '김치'라고 쓰인 문신이 드러났다. 천 원짜리 지폐 한 장 크기의 문신이었다.

"헉!"

순간 웃음이 폭발한 나는 배를 잡고 한참을 웃었다.

"기분 나빴던 건 아니죠? 제가 김치가 있다고 했을 때 너무 흥분하신 게 재미있어서 미리 말을 못 했어요. 하하!"

그가 멋쩍게 웃었다.

"괜찮아요. 덕분에 신나게 웃었어요! 그런데 김치를 얼마나 좋아하는 거예요? 왜 하필 수 많은 단어 중에 김치라는 말을 새긴 거예요?"

"일 년 동안 한국에 있다 떠날 때가 되니까 많이 아쉬웠어요. 시간이 지날수록 한국에 대한 기억도 점점 흐려질 거라는 생각이 들어서 속상했죠. 그래서 한국을 의미하는 어떤 걸 문신으로 새겨 그걸 볼 때마다 한국을 추억하겠노라 다짐한 거예요. 가장 한국스럽고 가장 오랫동안 한국을 기억할 수 있는 게 뭘까 고민하다가 김치라는 단어를 떠올렸어요. 사실 한국에 있을 때는 김치를 엄청 좋아했던 건 아니었는데 막상 김치라는 문신을 새긴 이후부터 신기하게도 김치가 좋아졌어요."

김치라는 글씨를 팔뚝에 새겨넣고 인도를 여행하던 영국인은 헤어질 때도 '예스'라는 영어 대신 한국말로 인사했다.

"우리 다시 또 만나요."

그는 크게 한국말로 소리치며 양손을 흔들어주었다. 오래도록 한국을 기억하고 싶어 하는 영국 남자를 나는 김치 문신과 함께 오래 기억하게 될 것 같았다.

여행을 하다 보면 문신 숍도 많이 보고 문신을 한 사람들도 많이 만나게 된다. 그때마다 나는 문신에 담긴 의미가 궁금해서 항상 이것저것 묻곤 한다.

마흔여섯 살 레게머리를 한 캐나다 어느 학교의 수학 선생님(그는 아프리카-캐나다인이다). 난 그의 팔뚝에 새겨진 문신을 가리키며 물었다.

"와우. 이거 멋진데요? 무슨 뜻이 있나요?"

"내가 중학교 때부터 사랑했던 여자친구 이름이에요. 그 친구는 안타깝게도 병으로 일찍 죽었지만 항상 내 안에 이렇게 살아있어요. 난 인생의 가장 큰 기쁨이 누군가와 사랑을 나누는 것이라고 생각해요."

예쁘고 섹시한 얼굴에 온몸이 문신으로 꽉꽉 차 있어 처음에는 말 걸기가 두려웠던 스무 살 프랑스 여자. 그녀는 입고 있던 민소매 티와 핫팬츠로 가려진 부분을 제외하고 드러난 모든 신체 부위가 문신으로 빼곡했다. 볼수록 놀랍고 신기해서 나는 자꾸 힐끗힐끗 그녀를 쳐다보았다. 그리고 조심스럽게 물었다.

"멋진 문신을 하셨네요. 문신할 때 안 아팠어요? 이렇게 많은 문신을 하는 이유가 있나요?"

"뭐 특별한 이유가 있나요? 전 남자친구가 문신 가게를 운영해서 몇 개 그려주고는 했는데, 남자친구랑 헤어진 뒤에도 문신이 생각나 몸이 근질근질하더라고요. 그래서 내가 기억하고 싶은 거, 남기고 싶은 것들을 문신으로 몸에 남기기 시작했어요. 이거는 우리 엄마 이름, 이건 태국 여행 기념, 이건 첫 여행 시작일, 이 십자가는 내 종교를 상징해요. 목부터 발끝까지 총 37개의 문신이 있어요. 앞으로도 추억들을 계속 채워 넣을 거예요."

내 눈에는 빈 공간이 거의 보이지도 않는데 그녀는 계속 문신을 더 채워 넣겠다고 했다. 그녀 몸에 새겨진 문신은 그녀가 겪은 모든 삶의 흔적이었다.

러시아에서 온 스물일곱 살 모델 언니에게도 물은 적이 있었다.

"이 용 문신에 무슨 특별한 의미가 있나요?"

"일이 항상 안 풀리고 너무나도 힘들었던 적이 있어요. 많이 울고 많이 좌절도 했지요. 점점 약해져만 가는 제 자신을 보고 뭔가 새로운 계기가 필요하다고 생각했어요. 그래서 용 문신을 새겼어요. 이 문신을 하고부터는 힘든 일이 있을 때마다 이걸 보고 마음을 잡아요. 나는 내 안에 작은 용이 나에게 항상 용기를 주고 있다고 믿어요."

내가 여행에서 만난 수많은 사람들이 자신의 몸에 한두 개의 문신을 가지고 있었다. 사랑을 위해서, 자신을 위해서, 추억을 위해서, 맹세를 위해서 그들은 자신의 몸에 문신을 새긴다고 했다. 영원히 기억하고 싶은 것, 그 하나를 몸에 새긴다면 나는 무엇을 새길까? 그것은 아마도 이 한 단어일 것이다. 인도! 내 삶과 내 사랑이 온전히 가득 배어 있는 그 이름. 인도는 이미 내 마음속에 새긴 뜨거운 문신이었다.

무시무시한
인간 사냥꾼

나갈랜드에 도착하자마자 푹 쉬나 했더니 친구 아폭이 숨 넘어갈 듯이 재촉을 했다.

"아샤! 빨리 타. 피로연장에 가야 해!"

얼떨결에 나는 그의 차에 올라타고 말았다. 아폭의 차가 구불구불 산등성이를 쉼 없이 타고 내려갔다. 산꼭대기에 둥지를 튼 것처럼 어둠 속에 반짝이는 마을 코히마.

델리에서 1,958킬로미터 떨어진 구와하띠까지 비행기로 두 시간 20분, 다시 차를 타고 코히마까지 열 시간을 달렸다. 아슬아슬 곡예 타듯, 지그재그 길을 잘도 넘었다. 어둠 속에서 전구 장식이 반짝거리는 곳이 보였다.

"저기구나. 오늘의 파티장이!"

차에서 내려 큰 마당이 있는 ㄱ자 모양의 집으로 걸어갔다. 감미로운 팝송이 흘러나오고 있었다. 문을 열고 들어가자, 근사한 정장과 드레스를 차려 입은 사람들이 모여 있었다. 그들의 손에는 와인 잔이 들려 있었다. 핑크색, 하얀색 드레스와 치마 정장, 하이힐을 신은 여자들. 턱시도처럼 잘 빠진 정장 차림의 남자들이 이야기를 나누고 있었다. 유창한 영어가 오갔다.

"제임스는 뉴욕에서 MBA 중이에요."

"마이클은 이번에 로스쿨을 졸업해요."

딱 봐도 교양이 철철 넘쳐흐르는 사교파티였다. 그런 곳에 청바지와 티셔츠 차림으로 도착한 나는 이리저리 눈치가 보여 안절부절 못했다. 하는 수 없이 나는 조용히 불편한 자리를 떠나 음식들이 즐비한 식당으로 갔다. 그곳엔 내가 최고로 뽑는 나갈랜드 음식들이 테이블 가득 차려져 있었다. 내가 접시를 들고 가서 제일 먼저 집은 건 훈제 돼지고기. 이 중독성 있는 돼지고기는 겉은 살짝 바삭한 육포 같고 속살은 야들야들 부드러워 입에 넣으면 씹기도 전에 사르르 녹았다. 항상 빠지지 않는 죽순 요리와 필수 반찬인 삶은 양배추, 온갖 싱싱한 야채들까지. 우리나라 된장처럼 발효시킨 콩으로 요리한 돼지고기와 소고기, 닭, 생선도 빠지지 않았다. 맛있는 음식들과 눈에 들어가면 실명이 된다는 그 유명한 나갈랜드 고추로 만든 매운 소스를 밥에다 곁들여 먹으면 아, 정말 천국이 따로 없었다. 잔칫집엔 없는 게 없다더니, 정말 먹을 복 제대로 터진 날이었다. 하객 사이에 섞인 나를 외국인처럼 보는 사람도 없어서 마음이 너무 편했다. 나갈랜드 사람들은 작은 눈과 툭 튀어나온 광대뼈를 가진 몽골로이드 계통이라 여러모로 우리와 생김새가 비슷하기 때문이다. 그들에게도 이질적인 인도 문화보다는 한국 문화가 더 친숙할 수밖에 없었다. 이곳은 인도 내에서도 한류가 만연한 곳이었다. 한국 드라마와 K-Pop 열풍으로 인도 유일의 한류문화축제가 나갈랜드에서 열리고 텔레비전을 켜면 아리랑 채널이 나오며 한국 패션과 헤어스타일도 인기다. 거리에는 머리부터 발끝까지 한국 스타일인 친구들을 쉽게 만날 수 있다. 그래서 그런지 인도 어딜 가도 나갈랜드 사람들의 패션 센스는 넘버원이다. 어디 패션뿐인가. 유창한 영어 실력과 엘리트 배출도 단연 으뜸이다. 남한보다 조금 큰 면적의 나갈랜드는 인구의 90퍼센트가 기독교인이라 오래전부터 미셔너리 스쿨이 발달했고 영어 교육이 의무화되어 있는 곳이다. 이렇게 패션이면 패션, 교육이면 교육, 흠 잡을 데 없이 완벽해 보이는 나갈랜드주는 사실 백 년 전만 해도 헤드헌터들의 땅이었다. 당시 영국인들은 이곳을 피로 물든 땅이라 불렀다.

"우리 집 대문에 73개의 사람머리가 걸려 있었어. 다 우리 할아버지가 잡은 승리의 전리품이지!"

이런 끔찍한 소리를 자랑스럽게 하는 빈센트는 앙가미족 출신의 나갈랜드 사람이다. 인도 북동부에 위치한 나갈랜드는 오랜 옛날부터 헤드헌터 즉 무시무시한 인간 사냥꾼들의 땅이었다. 그들은 적군의 머리를 무시무시한 나가족 다오Dao(날이 넓은 큰 칼)로 잘랐다. 사람들은 참수 후 몸에 남은 인간의 혼은 해방되는 한편 정신은 머리에 그대로 남는다고 믿었다. 용맹한 용사들은 머리통을 들고 의기양양하게 마을로 돌아왔다. 이는 승전 트로피를 의미했다. 마을 사람들은 북을 울리고 노래를 부르며 전사들을 환영했다. 전사들은 들고 온 머리통 개수로 용맹함을 입증했다. 부족장은 그들에게 위대한 전사를 상징하는 장신구를 하사했다. 예쁜 여자들의 관심도 이들을 향했다. 빈손으로 돌아온 자는 환영받지 못했다. 여자들의 조롱거리가 되기도 했다. 마을 사람들은 큰 가마솥에 머리통들을 넣고 끓여 건조시킨 뒤 모렁(전통 집) 문 밖에 걸어놓곤 했다. 영혼이 담긴 사람의 머리통은 풍요를 상징했다. 더

많이 걸릴수록 사람들은 자손이 번창하고 가축들이 늘어나며 풍년을 보장해준다 믿었다.

이 전통은 1840년부터 시작된 미국, 영국인들의 선교활동으로 점차 사라졌다. 1901년까지 96퍼센트의 인구가 애니미즘을 숭배했으나 1991년 기독교로 90퍼센트 가까이 개종되었다. 현재 나갈랜드주 종교는 기독교이며 교회가 주류 및 부족 공동체의 중심이다. 인도 독립 이후 인도로 흡수된 나갈랜드의 영토는 과거 치열한 싸움을 벌이던 꼬냑, 앙가미 등 16개의 각기 다른 문화와 언어를 지닌 부족들이 꾸려가고 있다.

나갈랜드주의 상업 중심지 디마뿌르와 코히마에는 최신 유행을 주도하는 상점들과 분위기 좋은 고급 식당, 바들이 자리 잡고 있다. 이곳엔 리바이스 청바지와 나이키 신발, 왁스로 멋을 낸 헤어스타일, 팝송이 흘러나오는 바에서 맥주를 마시고 미국 시트콤을 보는 젊은이들이 가득하다. 삼성과 아이폰을 손에 쥐고 페이스북에 접속하는 현지인들을 보면 헤드헌터의 역사는 먼 옛날이야기로 사라져버린 것 같다. 그래도 부족의 뜨거운 피는 몸속에 여전히 흐르는 듯하다. 그들은 새로운 사람을 만날 때마다 항상 이렇게 묻곤 한다.

"당신은 어느 부족이세요?"

홀리 축제

　힌두교들의 축제라 불리는 홀리는 색색의 물감을 서로에게 뿌리면서 시작된다. 겨울이 끝나고 봄이 시작됐음을 알리는 성대한 축제다. 지역과 힌두 종파에 따라 수일에서 길게는 2주일까지 축제가 이어진다. 이 홀리 축제는 '홀리카'라는 여자의 죽음을 기리기 위해 시작되었다.

　옛날 옛적 한 왕이 있었는데, 그는 백성들에게 신 대신 자신을 섬기라고 요구했다. 그의 아들조차 왕의 명을 따르지 않자 화가 난 왕은 이 왕자를 죽이라고 명령한다. 왕의 여동생이었던 홀리카는 사형 집행장까지 조카인 왕자와 동행한다. 거기서 고모 홀리카는 왕자를 자기 무릎에 앉힌 채 불속에 들어가 앉는다. 홀리카의 정성스러운 기도로 왕자는 불 속에서 다치지 않고 살아난다. 하지만 홀리카는 끝내 불 속에서 타 죽는다. 그 후로 매년 인도에서는 홀리카의 죽음을 애도하기 위한 축제가 펼쳐진다. 홀리 축제 전날 밤에는 거대한 모닥불도 지핀다.

인도인들에게 홀리 축제는 가족들, 친구들과 즐기는 최고의 명절이지만 인도에 사는 외국인들에게는 홀리만큼 괴로운 축제도 없다. 말 그대로 우리는 소프트 타깃. 어딜 가나 눈에 띄는 외모 때문에 각종 공격에 쉽게 노출된다. 나로 말할 것 같으면 비상식량을 집에 쌓아놓고 축제기간 내내 방콕을 즐기는 타입.

하지만 뭔가 필요해서 집 앞 슈퍼마켓이라도 갈라치면 큰 각오를 해야 한다. 무참히 찌그러질 각오. 건물 옥상, 골목 한 구석, 발코니 등등 곳곳에서 어른, 아이 할 것 없이 숨어 있다가 지나가는 행인들에게 물고문을 가한다. 1리터짜리 물총은 약과다. 물 호스를 들고 뿌리거나 양동이에 색 물감을 담고 퍼붓는다. 지나가는 오토바이들은 야구선수라도 된 것처럼 물 풍선을 던져댄다. 날아오는 물 풍선에 무심코 맞으면 너무 아파서 눈물이 다 핑 돈다. 심할 땐 맞은 자리에 멍까지 든다. 축제 때 델리는 사방팔방 숨을 곳 없는 물 전쟁터다. 그러다 보니 난 매년 힌두인들의 물 전쟁을 피하겠다고 티베트 사원들이 있는 맥그로드 간즈로 명상 여행을 떠나거나 인도 내 무슬림 지역 스리나가르로 도피 여행을 간다.

그랬던 내가 갑자기 내셔널 지오그래피에 뜬 마투라 홀리 사진을 보고 단번에 꽂혀버렸다. 인도에서 제일 격한 광란의 홀리가 열리는 그곳, 마투라. 이곳은 장장 보름 동안 축제가 열린다. 나는 단단히 마음을 먹고 마투라로 떠날 채비를 했다. 델리에서 세 시간 기대감을 잔뜩 품고 도착한 마투라에서 난 입을 다물지 못했다. 축제장인 사원에 발을 딛는 순간 한 번도 상상해본 적 없는 비현실적인 공간과 마주했다.

사원 안을 가득 매운 사람들이 목청껏 신의 이름을 부르고 있었다. 여러 가지 색깔의 가루가 폭죽 터지듯 하늘로 흩날리고, 나팔소리, 북소리가 내 심장을 두들기듯 울려 퍼졌다. 하늘 위에선 장미 꽃잎이 비처럼 내렸다. 나는 그만 장미 향에 정신이 혼미해졌다. 온몸에 색을 뒤집어쓰고 춤을 추는 사람들, 어디선가 내려온 핑크색 연기 속으로 사라지는 사람들. 사라졌던 사람들의 실루엣이 서서히 드러날 때면 다시 노란색 가루가 세상을 뒤덮는다. 곧 빨간색 가루가 쏟아지고, 이어 초록색 가루도 떨어졌다. 세상이 온통 형형색색으로 물들었다.

황홀한 색의 향연에 눈과 마음을 빼앗겼던 그때, 함께 온 론리플래닛 사진작가 소니가 나를 향해 외쳤다.

"아샤, 이쪽으로!"

그를 따라 2층 발코니로 이동했다. 이미 온 동네 사진작가들은 다 와서 진을 치고 있었다. 나는 힘겹게 그 사이를 비집고 들어갔다. 엉덩이를 살짝 걸치고 앉았다. 자칫 잘못하다간 난간도 없는 곳에서 많은 인파 사이로 훅 떨어질 수도 있었다. 내 옆에는 노란색 가루를 머리부터 발끝까지 뒤집어쓴 남자가 서 있었다. 그가 날 보며 씨익 웃었다. 그의 흰 치아가 벌겋게 물들어 있었다. 그의 손엔 울퉁불퉁하고 두꺼운 파이프 호스가 들려 있었다. 그의 발치에 놓인 포댓자루 여러 대에 노랑, 핑크, 빨강, 초록 파우더들이 수북이 담겨 있었다. 그는 익숙하게 연막 통으로 색깔을 흡입한 뒤 허공을 향해 쏘기 시작했다. 물대포를 발사하는 것처럼 색색의 가루가 하늘을 뒤덮다가 이내 비처럼 쏟아져 내려 사람들을 가렸다. 연막이 걷히면 두 손을 하늘 높이 올리고 신의 이름을 부르는 사람들의 모습이 보였다. 숨바꼭질처럼 연기 속으로 사라졌다 나타났다 하는 사람들. 빨주노초파남보 온갖 색상의 사리를 입고 머리 천을 턱 밑까지 내린 인도 여자들도 보였다. 남녀노소 할 것 없이 다 같이 이 순간을 즐겼다.

그런데 갑자기 시작된 노래와 방송에 순간 당황스런 광경이 벌어졌다. 수줍게 춤을 추고 노래를 부르던 여자들이 갑자기 지나가는 남자들을 때리기 시작했다. 나는 눈이 휘둥그레졌다. 머리 천으로 얼굴을 가린 여자들이 지나가는 남자들을 무작위로 붙잡고 그들의 상위를 찢었다. 찢은 옷 조각을 들고 아무 남자나 팼다. 옷 조각 하나가 빨랫방망이라도 되는 것처럼 사정없이 무차별적인 공격을 퍼부었다. 그런데 이상하게도 남자들은 기어코 매를 맞고 가겠다며 여자들 속으로 뛰어들어갔고 여자들은 놓치지 않고 남자들에게 쓴맛을 보여줬다. 여자들은 신나서 빙글빙글 춤을 추기도 하고 때리기도 하면서 이 순간을 즐겼다. 혹시라도 머리 천이 벗겨져서 얼굴이 보일락말락 하면 잽싸게 다시 천으로 얼굴을 가렸다. 그리고는 다시 또 남자를 때렸다. 여자는 때리고 남자는 맞는 상황. 신화에 의하면 장난기 넘치는 크리슈나 신이 연인 라다의 마을 바르사나에 가서 라다와 그녀의 친구들을 놀리고 희롱했다. 라다의 친구들은 그를 마을에서 쫓아냈다. 해마다 크리슈나의 마을 난드가온 청년들은 이 신화를 재연하여 여성들을 희롱한다. 그러면 바르사나 여성들은 이들의 옷을 찢고 때리며 본때를 보여준다.

이 광경을 지켜보던 소니가 말했다.

"태어나자마자 인도 여자들에게는 주어진 숙명이 있어. 오직 한 가정의 딸, 한 남자의 부인, 아이들의 엄마로 살아야 하지. 속 썩이는 남편과 아이들 때문에 속이 꺼멓게 타들어갈 때마다 여자들이 할 수 있는 건 머리 천으로 얼굴을 가린 채 남몰래 눈물을 훔치는 것뿐이었지. 라트마르 홀리는 여인들의 가슴속 한 맺힌 응어리를 풀라고 크리슈나 신이 이 세상 모든 여자들에게 주신 남자들 응징의 기회야."

소니의 설명을 듣고 나자 홀리 축제가 더욱 흥미로웠다. 진짜 인크레더블 인디아다!

삶과 죽음,
바라나시

인도를 다녀온 사람들은 크게 두 부류로 나뉜다.

인도와 사랑에 빠지는 사람과 인도를 싫어하는 사람. 나 역시 2005년 첫 인도 여행 때는 진저리를 쳤다. 누군가 인도에 대해 물어오면 '최악의 나라다, 다시는 가고 싶지 않다' 등등 혹평을 늘어놓곤 했다. 그랬던 내가 인도와의 두 번째 만남에서 달라졌다. 인도의 매력은 끝이 없었다. 곰팡이가 꺼멓게 껴 만지기도 싫은 썩은 양파의 껍질을 벗기고 새하얀 속살을 본 것처럼! 인도라면 진저리를 쳤던 내가 인도에 빠져 인도를 사랑하며 인도에서 지낸 게 벌써 8년, 시간이 꽤 흘렀어도 인도는 여전히 날 놀라게 할 때가 많다. 남한의 33배에 달하는 큰 땅과 다양한 민족, 문화, 언어, 전통을 가진 인도는 한 겹의 껍질을 벗길 때마다 색색의 새로운 속살을 보여준다. 그때마다 인도는 늘 새롭고 신비롭고 놀랍고 알쏭달쏭하다. 인도의 매력을 여행자들에게 고스란히 다 전하고 싶은 마음은 굴뚝같지만 참 쉽지 않은 일이다. 특히 시간 내기 어려운 한국 사회에서 장기간 휴가를 얻어 몇 주씩 인도를 여행하기란 참 쉽지 않다. 대부분은 인도 7일에, 중북부 핵심 도시만 보는 패키지를 이용하는 실정이다.

나는 그날도 한국 패키지 관광객들과 함께 그들이 가장 두려워하는 도시, 바라나시로 떠났다.

인도 패키지 첫날 사람들은 의외로 질서 정연하고 깨끗한 델리 공항에 놀란다(심지어 한국 같다는 말까지!). 그리고 둘째 날 아침, 국내선을 타고 도착한 바라나시에서 또 크게 놀란다. 아니 기겁한다는 말이 더 어울릴 것이다. 왜? 아무도 경험해보지 못한 대혼란의 장면들이 눈앞에 펼쳐지니까. 고급 샹들리에가 반짝이는 호텔 안이 천국이라면, 호텔 문을 나서는 순간 지옥을 만난다. 잠시 휴식 후 모두 호텔 로비로 모였다. 우리가 있는 곳은 고급 호텔들이 모인 시내 중심가. 여기서 갠지스강이 있는 구시가지까지는 큰 버스의 출입이 제한되는 관계로 싸이클 릭샤를 타고 이동해야 한다.

"다들 마스크는 준비하셨죠? 갠지스강으로 가는 길에 매연과 먼지가 심하답니다."

스카프와 마스크로 중무장한 손님들이 둘씩 짝지어 릭샤 위로 올라탔다. 자전거 위에 고철로 만든 2인용 좌석이 놓여 있는 형상의 사이클 릭샤는 좌석 크기가 인도 평균에 맞춰진 듯하다. 비쩍 마른 인도인들은 세 명도 끼어 앉을 수 있지만 보통 체격의 한국 남자 두 명이 앉으면 좁다 못해 꽉 껴서 불편할 정도다. 어떤 의자는 경사가 100도라 앞으로 고꾸라질 것 같다.

"출발합시다."

내 신호에 사이클 릭샤 7대가 나란히 출발했다. 커피콩처럼 까만 우리 기사는 나뭇가지처럼 앙상한 다리 힘으로는 어려운지 오른쪽 왼쪽 몸의 반동을 이용해 페달을 밟는다. 사이클은 깊은 주름처럼 움푹 패이고 해진 도로 위를 덜컹덜컹 부서질 듯 흔들거리며 달린다.

따르르릉, 작지만 또렷한 벨소리는 포댓자루에서 방금 쏟아진 쌀알처럼 북적대는 인파들, 염소, 소, 동물들을 물러서게 하는 힘을 지녔다. 나중에는 따르르릉이 아니라 '길을 비켜라'로 들릴 정도였다. 아저씨는 속도를 줄이지 않고 대혼잡 속을 유유히 달려나갔다. 하늘은 뿌연 잿빛이고 전깃줄들은 풀 수 없는 실타래처럼 얽혀 있다. 불쑥불쑥 골목길에서 마구 튀어나오는 사람들과 어슬렁거리며 걷는 소들, 빵빵빵빵 클랙슨 울리기 대회라도 나온 것 같은 차들, 오토바이들, 자전거들. 먼지와 소음이 한데 엉켜 전쟁 후 피난길을 연상시키는 혼란 속. 눈만 빼꼼히 내놓은 패키지 손님들이 어떤 생각을 하고 있을지 심히 걱정됐다.

30분 동안의 엉덩이 고문 후 싸이클 릭샤가 고돌리아에 멈춰 섰다. 이곳에서 갠지스강까지는 걸어서 5분, 사람들 속을 뚫고 가야 하니 더 걸릴 수도 있다. 색색의 눈부신 사리, 전통복들이 걸린 길거리 쇼윈도들. 가게들을 지나 다샤스와메드Dashaswamedh 가트에 도착했다. 갠지스강 줄기를 따라 늘어서 있는 100여 개의 가트 중 중심에 해당하는 곳이다. 갠지스강으로 내려가는 계단은 순례객들로 언제나 분주하다. 작은 길거리 상점 가판대에는 힌두예배 의식에 쓰이는 도구들이 가지런히 놓여 있다. 힌두교 바잔(찬송가)이 어디선가 들려오고 형형색색 사리를 걸친 아낙네들은 물속에 반쯤 몸을 담근 채

기도를 드리고 있다. 남자 아이 몇 명은 물방구를 치며 수영을 하고 있다. 붉은 깃발이 휘날리는 힌두 사원 앞에 손님들을 불러 모았다.

"톰 소여의 모험을 쓴 19세기 미국 소설가 마크 트웨인은 '베나레스는 역사보다, 전통보다, 심지어 전설보다도 오래된 도시다. 그리고 그 모든 것을 전부 합친 것보다 두 배는 더 오래되어 보인다.' 라고 말했습니다. 그 세월의 흔적은 갠지스강이 유유히 흐르는 이곳에서 느끼실 수 있어요. 3천 년 인간의 거주 역사를 자랑하는 바라나시는 현존하는 고대 도시 가운데 가장 오래된 곳으로 과거 베나레스, 또는 까시(빛의도시)로 불리던 곳입니다. 우주를 통치하는 신인 시바의 도시로 힌두교에서 가장 중요한 순례지며 불교도와 자이나교들에게도 신성한 의미를 지니는 곳이지요. 인도 전역에서 몰려든 순례객들은 이곳에 몸을 담그고 기도를 하며 전생과 이생에서 쌓은 업을 씻고 새로이 환생하기를 기원합니다.

인도 사람들 손에 플라스틱 물병들이 하나씩 다 들려 있는 거 보이시죠? 정화를 상징하는 이 물을 담아 그들은 수백 킬로미터, 수천 킬로미터를 달려 집으로 가져갑니다. 집에 모신 개인 사원에 두기도 하고 마을의 공동사원에 올리기도 하죠.

갠지스강 물은 신의 성수와 마찬가지입니다. 자, 지금부터 강변길을 따라 화장터까지 걸어갈 겁니다. 잘 따라오세요!"

길게 뻗은 가트 벽면엔 힌두 신들이 그려져 있다. 길가 한쪽엔 한 무리의 거대한 소들이 터줏대감처럼 앉아 있었다. 그들이 무분별하게 싸놓은 똥을 피해 요리조리 연을 날리는 아이들도 눈에 들어왔다. 종소리가 울려퍼지는 힌두사원을 지나면 보트왈라들이 와서 말을 건다.

"마담, 보트? 싸게 줄게요~ 보트 타세요."

가트 한쪽에 정박해놓은 나무배들은 조용히 손님들을 기다리고 보트 아저씨들은 끝까지 따라오며 흥정을 한다. 발길을 재촉해 다시 조용히 걷나 싶으면 오렌지색 승려복에 삼지창과 스테인리스 통을 들고 나타난 사두(힌두교 출가자)가 시주를 하라며 다가온다. 연들이 흩날리는 하늘 아래 원숭이들은 뻘건 엉덩이를 드러내며 건물과 건물 사이를 뛰어다닌다.

모든 관문들을 지나 도착한 화장터. 곳곳에서 연기들이 피어오른다. 손님들을 모시고 화장터가 한눈에 보이는 건물 발코니로 이동했다.

"여러분, 이곳에서 사진 촬영은 금지입니다. 그럼 지금부터 잠깐 설명드리고 자유롭게 보실 시간 드릴게요. 분주하게 도착하는 시신들은 24시간 365일 밤낮으로 태워집니다. 하루에만 수백 구의 시신이 화장됩니다. 시신 한 구가 온전히 타는 데 걸리는 시간은 서너 시간이며, 이에 필요한 장작은 250~300킬로그램입니다. 주로 망고나무와 코르크나무가 쓰입니다. 저렴한 장작으로는 100만 원, 많게는 300만 원까지 비용이 든답니다. 부자들은 고급 향나무인 백단향을 장작으로 씁니다. 정부에서 화장 비용의 부담을 덜기 위해 1990년대에 저렴한 전기, 가스 화장터를 지었지만 사람들은 여전히 전통 방식을 선호합니다. 돈이 부족해 필요한 만큼의 장작을 못 사는 사람들은 반쯤 태워진 채로 강변에 버려지기도 하고요. 시신에 무거운 돌을 매 강물에 던져지기도 합니다.

힌두라고 다 화장을 하는 건 아니에요. 전통적으로 힌두성자, 나병환자, 수두환자, 자살한 사람, 살인자는 화장 없이 강에 매장합니다."

화장터 계단 한편에 서서 손님들에게 이런저런 설명을 하는데 훕훕하고 찌는 듯한 열기가 느껴졌다. 땀구멍이 열렸다. 바라보는 것만으로도 힘들었다. 시체 타는 냄새에 숨이 막힐 지경이었다. 사방팔방에서 눈처럼 흩날리는 재가 머리와 몸에 내려앉았다. 사람들의 웅성거림은 아랑곳하지 않고 염소들이 뛰어다녔다. 개들은 어슬렁거리고 소들은 아무 데서나 폭포수 같은 오줌을 싸곤 했다. 그 사이사이로 짜이 장수가 '짜이'를 외치며 다가왔다.

눈앞에 펼쳐진 모든 상황들은 현실이다. 눈으로 직접 보고 있지만 이 모든 상황들이 너무나 비현실적이어서 나조차 가끔 혼란에 빠지곤 한다. 힌두교들은 어머니의 강 갠지스에서 생을 마감하면 그 영혼이 신의 곁으로 간다고 믿는다. 그래서 이곳엔 묵띠바완Mukti Bhavan이 있다. 죽음을 기다리는 곳이다. 죽을 때가 되었다고 생각하는 순례객들은 이곳에 거주하며 죽을 날만 기다린다. 서거 후 24시간 내에 태워지는 힌두교 전통에 따라 바로 태워질 수 있도록 대기하는 곳이다.

고인이 사망하면 가족들은 힌두교 추모의식 후 시신을 천으로 감싼다. 빨간색 천은 성자, 결혼한 여자는 웨딩사리와 오렌지색 천, 남자와 과부는 하얀색 천으로 감싼다. 이후 관 없이 시신만 꽃을 쌓은 대나무 대에 얹고 남자 가족들이 가트까지 운반한다. 집안의 장자가 맨 앞으로 걸어가고, 운구를 맨 남자들은 '신의 이름은 진실이다(람 남 사뜨야 해).'를 외치며 그 뒤를 따른다.

화장 의식에서 운구에 불을 붙이는 역할도 큰 아들의 몫이다. 이는 많은 인도인들이 아들을 원하는 이유 중에 하나다. 고인을 운구하는 일, 나무를 쌓는 일, 불을 붙이는 일 모두 남자의 역할이다. 전통적으로 여자는 화장 의식에 참여할 수 없다. 가족들은 고인이 현세보다 더 나은 세상으로 간다고 믿으며 눈물 대신 경의를 담아 마지막 작별 인사를 한다.

야외에서 활활 타오르는 시신들을 뒤로 하고 손님들과 골목길 탐방에 나섰다. 나무 장작들이 겹겹이 쌓인 길을 지나쳤다. 좁은 골목길을 가로막는 소의 엉덩이를 한쪽으로 밀어 길을 텄다.

미로처럼 굽은 길을 지나 바라나시의 명물이라는 라시(차가운 요거트 음료) 가게에 도착했다. 시원한 라시 한 입에 화장터에서의 복잡했던 감정이 한 방에 가셨다. 라시를 홀짝이며 골목길을 바라보는데 천으로 둘둘 말린 시신을 멘 장례 행렬이 지나간다.

'신의 이름은 진실이다(람 남 사뜨야 해).'

바라나시 골목골목마다 하루에도 몇 번씩 보게 되는 시신들, 그리고 그 주문.

삶과 죽음이 공존하는 바라나시에서 나는 달콤한 라시를 마시며 죽음을 마주한다.

인도와 결혼한 여자, 아샤

2018년 12월 5일 초판 1쇄 펴냄

지은이 아샤
발행인 김산환
책임편집 윤소영
영업 마케팅 정용범
펴낸 곳 꿈의지도
디자인 형태와내용사이
인쇄 다라니
종이 월드페이퍼

주소 경기도 파주시 경의로 1100, 604호
전화 070-7535-9416
팩스 031-947-1530
홈페이지 www.dreammap.co.kr
출판등록 2009년 10월 12일 제82호

ISBN 979-11-89469-13-9 (13980)